别吃了
不懂心理学
的亏

牧　原◎著

Mood

Behavior

Action

北方文艺出版社

图书在版编目（CIP）数据

别吃了不懂心理学的亏 / 牧原著 . -- 哈尔滨：
北方文艺出版社，2019.10

ISBN 978-7-5317-4656-0

Ⅰ . ①别… Ⅱ . ①牧… Ⅲ . ①心理学－通俗读物
Ⅳ . ① B84-49

中国版本图书馆 CIP 数据核字（2019）第 200450 号

别 吃 了 不 懂 心 理 学 的 亏
Biechile Budong Xinlixuede Kui

作　者 / 牧　原
责任编辑 / 路　嵩　　　　　　　　　封面设计 / 天下书装

出版发行 / 北方文艺出版社　　　　　邮　编 / 150080
发行电话 /（0451）85951921 85951915　经　销 / 新华书店
地　址 / 哈尔滨市南岗区林兴街 3 号　　网　址 / www.bfwy.com

印　刷 / 三河市人民印务有限公司　　　开　本 / 880mm×1230mm　1/ 32
字　数 / 200 千　　　　　　　　　　　印　张 / 9.25
版　次 / 2019 年 10 月第 1 版　　　　　印　次 / 2019 年 10 月第 1 次印刷

书　号 / ISBN 978-7-5317-4656-0　　　定　价 / 42.00 元

目录 Contents

第三章　行为心理：读懂他人背后隐藏的秘密

第四章　面子心理：伤什么都不能伤人面子

第五章 认知心理：认清自己，才能开启自我成长之路

第六章 情绪心理，提高对自己情绪的控制力

第七章　消费心理，远离让你多花冤枉钱的陷阱

第八章　被骗心理，每个骗子都是心理学高手

第一章

心理认同，没有认同就没有沟通

1. 同理心——不是认同对方的道理，而是认同对方的感受

同理心是个心理学概念，指站在对方的立场上，设身处地思考的一种方式。通常在我们的人际交往中得以体现，拥有同理心的人，既能够体会他人的情绪和想法、理解他人的立场和感受，又能站在他人的角度思考和处理问题。

瑞士心理学家卡尔·古斯塔夫·荣格，曾经遇到过一位女病人，她总认为自己是从月球来到地球的，一心想回到月球上去。家人没办法，将她送到荣格这里治疗。

在治疗过程中，荣格没有像其他医生那样，试图纠正她荒谬的妄想，而是饶有兴趣地听她描述月亮上的种种生活场景。然后，他恳切地告诉她："月亮虽然很美，但我想你已经不可能再回去了，因为我们现在没办法制造将你送到月亮上去的工具；如果你的月球同胞不来接你的话，你还是安安心心地做个地球人吧。我们地球也很美，不是吗？"

最后，女子"认清"现实，欣然接受了荣格的"建议"，回家相夫教子，过着"地球人"的生活。几年后，女子的精神有所好转，从"臆想"的状态中退出，病情也不再复发。

我们经常可以从影视、图书以及网络中看到，医生和精神

病人沟通时，总会顺着他们的思维讲话，仿佛自己也化身为精神病人。很多人以为这是在逗乐，或是医生出于好心，不忍伤害精神病人。其实，这正是同理心的体现。

同理心，"同"的是感受，而不是具体的事件。就像精神病人与普通人的分歧，在于普通人无法理解他们的想法，将他们当傻子看，于是两者相遇就很容易起冲突。但如果我们能把自己放到对方的位置上去体会他们的感受、想法，就能有效避免冲突。

生活中，不止普通人与精神病人是这样，很多时候，人与人之间的矛盾、冲突乃至争斗等等，都是由于缺乏"同理心"引起的。比如，路边看到一个人哇哇大哭，得知对方刚刚被骗了十万元钱。这时，如果我们能理解对方的感受，安慰对方，对方多半会感激我们。但如果我们不顾对方的感受，冷冰冰地来一句"这就是贪小便宜的下场"。即使说中了事实真相，这种行为也是不妥的，可以预见，对方很可能会迁怒于我们。

根据心理学家的相关研究发现，在人际交往中，无论发现什么问题，只要我们尽量去了解并重视他人的想法，往往都能找到解决问题的办法。尤其在发生冲突和误解时，如果能把自己放在对方的处境中想一想，也许就能求同存异、消除误会。

这就是同理心中"推己及人"的精髓：一方面，自己不喜欢或不愿意接受的东西，千万不要强加给别人；另一方面，应该根据自己的喜好，推及他人喜好的东西，或是愿意接受的待遇，并尽量与他人分享这些事物和待遇。

那么，我们如何才能拥有并运用好这种"同理心"呢？美国教育心理学家阿瑟·詹森提出了以下七个步骤：

第一，问开放式的问句：开放式发问的目的在于让对话可以持续，避免让谈话只停留在黑与白、对与错的二元选项。比如，"《爱情公寓》这部剧，你们怎么看？"这就是开放式发问，给人充分表达观点的空间。而"你们觉得《爱情公寓》好看吗？"这样的发问方式就属于二元选项，"好"与"不好"总有个选择，会给回答的人带来困扰。他们会想，万一自己的想法跟问的人不一样，怎么办？可见，这样的问话只会把天聊死。

第二，放慢脚步：也就是不要连续快速地发问，给朋友充裕的时间去整理思绪，同时也能让自己更准确地去理解对方，明白对方的意思，从而理解对方的感受。

第三，避免太快下判断：很多时候，人们喜欢"速判"。比如看到某个中年男性牵了一位年轻女子的手，就来一句"渣男"；看到某人离了婚，就来一句"出轨了"。过于迅速的判断最容易背离事实真相，一旦与事实不符，我们的这种判断不但是对对方的侮辱和诽谤，更是给对方造成了二次伤害。许多友情、婚姻，就是毁在这"速判"上。

第四，注意你的身体反应：在表达我们的同理心时，最忌讳的就是身体反应出卖了我们的真实想法。比如，当我们在倾听朋友的不幸时，如果表面上做出听得很认真的样子，结果桌底下却翘着二郎腿，惬意地抖着，这就给对方一个讯号：看你抖得这么欢快，原来脸上的表情都是装出来的，骗子！这样就会使对方失去对我们的信任。因此，在与人交往中，尤其是在运用到同理心的时候，最好能管住自己的身体。

第五，了解过去：当我们知道朋友的某件事，或要对某件事做评价时，一定要了解事件的"前世今生"，只有知道了其中的具体细节，才能保证我们不会说"错"。

第六，让故事说出来：每个人都有自己的故事，故事最能打动人心，也最能让人走进他们的内心世界。与人交往，让他说出自己的故事，让彼此从心灵上靠近。

第七，设定界限：每个人都有自己的禁忌和不愿为人所知的秘密。不管在任何时候，我们都需要给自己设定界限，不去触碰对方的禁忌，而这也是对对方的最大尊重。

一个人要想真正了解别人，就要学会运用这种同理心，也就是所谓的"设身处地、将心比心"。

有了同理心，我们就不会处处挑剔对方，抱怨、责怪、讥讽也会大大减少；取而代之的是赞赏、鼓励、谅解、扶持。这样一来，便能营造出更加愉快、和谐的交友氛围。

2. 牢骚效应——让他一吐为快

牢骚效应，又称"霍桑效应"。书面定义是：但凡公司中有对工作发牢骚的人，那么这家公司，一定比没有这种人、或有这种人，却把牢骚埋在肚子里的人的公司要成功得多。简单来说就是，员工敢于发牢骚的公司，业绩效率往往比没有牢骚声音的公司强。该理念来源于美国哈佛大学心理学系组织成员梅约教授的一次有价值的实验。

在美国芝加哥有一家工厂，厂长为员工准备了相当优质的工作环境。然而，让厂长感到困惑的是，面对如此好的条件，工人的生产积极性却不高，销售业绩平平。

为了找出原因，他向哈佛大学心理学系求教。哈佛大学心理学系就派了梅约教授出马，成立了一个专家组，对此事展开调查研究。经调查发现，厂家原来假定的对工厂生产效率会起极大作用的照明条件、休息时间以及薪水的高低，与工作效率的相关性很低，反倒是工厂内自由宽容的群体气氛、工人的情绪、责任感，与工作效率的相关程度比较大。

有了这一层发现，梅约意识到，该厂的现象可能与员工的心理状况有关，于是进行了一次有趣的"谈话试验"。他设立了一间秘密谈话室，每次只接待一名员工，允许任何员工进入其中进行任何他感兴趣的话题：骂厂长、吐槽公司、大吼大叫以发泄不满……

这场"谈话试验"一直持续了两年。结果他们发现：这两年以来，工厂的产量得到了大幅度提高。经过研究，他们给出了原因：在这家工厂，长期以来工人对它的各个方面就有诸多不满，但无处发泄。"谈话试验"使他们的这些不满都发泄出来了。

事后，梅约提出了"牢骚效应"的概念，同时，又因为这家公司叫"霍桑"，故而，"牢骚效应"也叫"霍桑效应"。

这就是"牢骚"的意义，通过发牢骚的形式，把人心中的负面情绪和不满发泄出来，从而感到心情舒畅，做起事来干劲十足，这也就是所谓的"堵"不如"疏"。

在中国上古神话中，"鲧"和"大禹"父子俩都治过水。不同的是，鲧采用了"堵"的办法，从天帝那里偷来息壤，想堵住大洪水，结果息壤长多高，水也就跟着"涨"多高，最终"决堤"酿成二次灾祸。鲧失败后，大禹接手治水大业，采用了和父亲鲧完全不一样的做法：开山取道，凿地成河，通过疏通渠道的方式，将地上的洪水引到深不可测的大海中。结果，大禹成功地征服了大洪水，并使得大地上江河汇流，不再畏惧大洪水。

其实，这与牢骚效应在本质上是相同的。只不过，前者疏通的是水，而后者疏通的则是人们的心情。生活中，我们难免会有心情不好，想要发泄、抱怨的时候。比如一连下了十几天的雨，出门必湿鞋，这个时候，任谁都想骂骂老天爷；又比如，刚刚跟恋人拌了几句嘴，结果走路的时候又崴了脚，绝大多数人也会愤怒地吼几句。

职场中，因为心情不佳，想要发牢骚的现象就更多了。诸如不小心上班迟到，被领导骂了一通，心里不好受；好不容易完成的工作报告，被上级评价为"不知所云"；接到一份难度较高的任务，不知该从何入手；工资没别人的高，待遇没别人的好……

人在一生中，会产生数不清的意愿和情绪，但最终能实现和得到满足的却为数不多。对那些未能实现的意愿和未能满足的情绪，如果一味压制，只会使其像洪水一样越堵越高，最终"决堤"酿成二次灾祸。相反，如果让它宣泄出来，对人的身心都是有利的。

由此及彼，我们在与人相处时，也是一样的道理。当对方心中积蓄了很多不满和牢骚的时候，不妨给他一点自由发挥的空间，让他一吐为快，将这些不满和牢骚全都说出来。这样一来，发泄干净了，心情也就舒爽了，就可以避免对方因承受不住这种心理压力，而导致情绪崩溃，做一些不好的事。

当然，在让对方"发泄"的时候，作为听众的我们，也有必要对其进行适当的引导，将其一些不好的想法尽量"枪毙"掉。毕竟，大禹疏通渠道，最终是把洪水引进了海里；梅约跟霍桑工厂的员工谈话，也没让他们直接辞职。可见，若是发泄者说出一些过激言论，或是错得离谱的观点时，我们也不能任其错下去，至少，不能在一旁煽风点火。

最后，我们需要明白的是，牢骚是一种形式。有的时候，可能对方表面上看像是在发牢骚，实际上却是在提建议。这种情况下，我们要能够将对方的建议挖出来。牢骚的作用是调节人失衡的心理，它可以是纯粹的发泄之语，也可以是披着牢骚外壳的有用信息。总之，在与人交往的时候，我们不妨学会接受对方的牢骚，给对方"抱怨"的机会。

3. 名片效应——让对方感觉到你与他的相似性

名片，指的是以个人名字为主体，包括身份、职业、特长等个人讯息的介绍卡片，其作用是把我们自己尽可能清楚地介绍给别人，以便于别人记住并联系我们。

名片效应指的是：当我们在与人交往的时候，如果我们首先表明自己的态度和价值观与对方相同，对方就会觉得我们与他有更多的相似性，从而很快地缩小与我们的心理距离，更愿同我们接近，结成良好的人际关系。这种有意识、有目的地向对方表明自己的态度和观点的介绍方式，就像用名片展示、介绍自己一样，因而得名"名片效应"。

　　美国前总统里根，在竞选总统的时候，就尤其擅长运用这种"名片效应"来向选民展示自己。有一次，他在向一群意大利血统的美国人讲话时，他说道："每当我想到意大利人的家庭时，我总是想起温暖的厨房，以及更为温暖的爱。"

　　接下来，他讲了一个故事："有这么一家人，他们住在一套稍显狭小的公寓房间里，但已经决定迁到乡下一座大房子里去。有人就问这家的一个小孩子，'嗨，小伙子，喜欢你的新家吗？'孩子雀跃地回答说，'喜欢啊，因为那样的话，我就有自己的房间了，我的兄弟姐妹也会有自己的房间，只是可怜我那妈妈，她还是得和爸爸住一个房间。'"

　　这是一个很接地气的故事，台下的选民一听，觉得这位总统候选人和自己挺像的，讲的故事都差不多，于是一下子对他产生好感，纷纷将选票投给了他。

　　一个人想让别人接受他的观点和态度，就必须把对方与自己视为一体。首先向对方传播一些他们所能接受的熟悉并喜欢的观点、思想，然后再悄悄地将自己的观点、思想渗透进去，使对方产生一种印象：这个人认可的思想观点和自己是相近的。

　　对我们绝大多数人来说，相比起一个陌生的、思想观点毫不相同的人，我们更愿意接近和亲近一个思想观点跟我们差不多的人，这会让我们更有安全感。举个夸张的例子，两个人一起吃饭，一个只吃素，半点荤腥都不沾，还很不待见吃荤的人。而另一个只吃荤，素的一口也不尝。这样的两个人坐到同一张桌上，可以预见，闹矛盾的概率有多大。

但是，如果其中一人一开始就表明，我喜欢吃素或吃荤，那么剩下的那个吃荤或吃素的人就会想：这人的饮食爱好倒是和我差不多，果然是英雄所见略同，值得交往。因为彼此的价值观相近，因而在交往之初就已经给对方留下一个好的印象。等到真正深入交流时，自然更容易和对方打成一片，收获对方的友谊。

名片效应所起的作用就在于此：让人觉得你和他是差不多的人，有相似的爱好、相似的性格、相似的价值观；他喜欢的你几乎也喜欢，他讨厌的你几乎也讨厌。如此一来，对方就会把你当作知音、知己看待，进而会主动亲近你。

因此，在与人交往的时候，我们不妨在事前多打听对方的兴趣爱好，以及价值观，然后有意识地向对方表明"我也是这样的"。也许有人会说，这是变相的拍马屁、奉承。其实不然，运用"名片效应"与拍马屁有本质上的区别。前者是为了营造出"我们是英雄惜英雄，志趣相投"的谈话氛围，促进彼此相谈；而后者纯粹是抬高对方，有时候甚至还会贬低自己，以期让对方感到舒服，进而拉近自己与对方的关系。

总之，与人交往时，我们若能恰如其分地用好"名片效应"，就可以迅速促进双方的良好关系。不过，在表明自己与对方的态度和价值观相同时，我们应当采取一定的科学方法，不能过于露骨。具体来说，应当注意以下几点：

首先，在与对方正式接触之前，我们可以先通过他的熟人了解他的信息，比如他性格怎样、喜欢什么、讨厌什么、他是如何取得成功的、他最欣赏哪一种品性等，这样我们在与对方接触时就可以投其所好。

其次，如果我们没有条件事前了解对方，那么，我们也可以在接触的过程中去发现他的兴趣爱好、想法观点。想要做到这一点，可以从这几个方面入手：

第一，观察对方的言行举止：一个人的言谈举止、服饰等，是其内心世界的写照，由此可以看出他的喜好、三观，只要善于观察，就会发现我们与对方的共同点。

第二，以话试探，侦察共同点：我们可以通过打招呼，询问对方的一些情况，然后根据对方透露的信息，如哪里人、什么工作等，进一步推敲彼此的共同点。

最后，当我们发现自己与对方的共同点之后，还要懂得寻找合适的时机，恰到好处地向对方出示自己根据"名片"打造出来的形象，这样我们就能离目标更近一步。

4. "比惨"心理——安慰别人最好的办法就是告诉他，你比他还要惨

生活中，人们普遍有一种"比惨"心理。在人生不顺的时候，一想到自己不是最惨的那一个，心中的消极想法就会淡去

很多。会想：幸好我不是最惨的那一个，这样看来我还是挺幸运的，遭受的罪过并不大，太好了。有人把这种心理称为"比惨"心理。

周末，女孩儿陈淑秋随同朋友们一起去野外骑行，在路过一条狭长的山道时，由于路面很窄，又没有铺水泥，整条路又是处在一个大坡上，弯道又多。陈淑秋有些控制不住，在一个急转弯后失去平衡，整个人飞出去两米远，摔了个结实。

当时她就懵了，好半天没爬起来，看着鲜血直流的手掌，她哭了起来。后边的朋友赶紧跑过来，询问她的伤势。见她只是手掌流血，其余并无大碍，一名闺蜜说："还好，宝贝儿你只是戳破了手掌，上次有人也是在这条路上，把整条腿都给摔断了呢。"

原本还在哭泣的陈淑秋一听，心中那股委屈瞬间消散不少，心想：自己没有摔断腿，不但节约了一大笔医药费，人也不用遭罪，这么说来，自己还是很幸运的。

"比惨"，是人类先天具有的一种自我调节和应对的能力。首先，"和别人比惨"，这本身就淡化了我们对自身状态的关注。比如，当我们心里想着"别人比我更惨"的时候，注意力往往就转移到别人的不幸上去了，无瑕再顾及自己的不幸。其次，"和别人比惨"，也是对我们真实情绪的一种压制和转化，将我们自己的痛苦压制到一个微弱的地步。同时，面对别人更惨的遭遇，我们会生出同情心以及"庆幸"心理。

英国研究员安德鲁·奥斯瓦尔德发现：那些对生活感到不满的人，当他们生活在快乐的地方时，往往会感觉更加痛苦，更加觉得被生活残酷对待。比如，根据"联邦行为危险因素调查"数据显示，美国犹他州居民的幸福感在全美排名第一，却拥有着美国排名第九的自杀率。相较之下，纽约州居民的幸福感虽然很低，但自杀率却远低于各大州。

为什么会这样？研究者们认为：当一个人感到不幸福的时候，身边之人的幸福感会让他们更容易感觉到痛苦。反过来，当身边的人都不幸福时，即使自己也不幸福，但心里会舒服很多。

人在遭遇失败或痛苦的时候，会产生更多被验证的渴望。即"我不是唯一一个不幸的人"，也就是我们常说的"还有人比我更惨呢"。若身边的人都对生活比较满意，他们都拥有较多幸福体验的话，人的被验证渴望就不能得到满足，会体验到更沉重的痛苦。

因此，从这个角度来说，当我们需要安慰别人的时候，不妨利用一下这种"比惨"的心理，告诉对方：你这算什么，我比你更惨。通过将对方的注意力转移到我们的事情上，进而淡化他们的痛苦心理。可以说，这是最好、最有效的一种安慰人的方法。

不过，这种"比惨"安慰法也有着不为大家所知的风险和自我局限的可能。首先，通过"和别人比惨"来淡化对自己遭遇的感受，会导致当事人无法有效地从事件中吸取教训；同时，这样的安慰过多还会造成对方养成逃避心理，遇到挫折就想转移注意力。

其次，与人比惨还涉及一个禁区，那就是安慰的人所讲的悲伤经历，必须得是自己所经历的事情。如果贸然用别人的经历来安慰人，那么不但达不到效果，还会适得其反，让被安慰的人更加抗拒。因为在被安慰的人看来，这是站着说话不腰疼的典范。

比如，当朋友失业的时候，我们就不能用"不就是丢了工作嘛，你有那么牛的家世怕什么啊，如果你都这么痛苦的话，那我这种没家世、没背景的人该怎么办？"这样的话去安慰他。因为无论他拥有什么，此时此刻，他的确是失业了。以家世对比的话去安慰，看上去似乎比对方惨，但实际上，却是对对方遭遇的无视。

在这种情况下，正确的"比惨"之法应该是这样的：你比我好啊，你就是丢了一份工作而已，我上次被辞退的时候，还被扣了一个月的工资呢，还是靠你的救济才活下来的。你看看，经过那次打击，我不也挺过来了吗？相信我，失业只会让你成长。

因此，比较恰当的利用"比惨"心理安慰人的方法，应该是尽量避免提及那些消极的因素，比如"你家世背景好，不用担心啊"之类的话。同时，也不能局限于只说一些"你比我好多了"之类的感慨之语，而是要在"比惨"的最后，加上一点鼓舞士气的话，这样才能使对方免于养成逃避心理，敢于去正视自己的过错。

5. 跷跷板互惠原则——你为对方着想，对方才会为你着想

跷跷板，生活中常见的一种玩具，两人分别坐在跷跷板的两端，你往下来我往上，我往下来你往上。玩过跷跷板的人都知

道，只有当双方都不停地轮流下压时，才能享受到这种晃来晃去的乐趣，如果其中一个人不肯出力，那么跷跷板就毫无用处了。

人与人之间的相处、互动和交流，其实也跟跷跷板一样，不能固定在某一端高，另一端低，要高低交错，如此双方才会快乐。这就是人们常说的"助人为乐"、"你好，我好，大家才能都好"。不愿意帮助别人，永远不吃亏的人，就如同那个坐在静止的跷跷板上的人，虽然看似高高在上，但却失去了应有的乐趣。做人，就应该秉持这样一种态度：你为对方着想，对方才会为你着想。这就是心理学上著名的"跷跷板互惠原则"。

王力文是一位业务员，一个满怀壮志的职场新人，他告诉自己，一定要以最快的速度取得成功。凡事一定要精打细算，绝对不能浪费任何资源，绝不放弃任何机会，要让自己随时保持在优势状态，保持自己在同龄人中的领先地位，总之，就是要赢。因此，初入职场他就开始施展各种手段，将许多同期新人、老人斩落马下，看上去风光无限。

他成了同龄人眼中的"成功人士"，晋升速度惊人，上司喜欢把重要任务交给他，同事遇到难题也得摆低姿态请教他。然而，他却快乐不起来，总觉得自己似乎失去了什么，于是他越来越烦闷，越来越没笑容，最后，他得了忧郁症。

一个朋友让他去看心理医生，医生在了解他的情况后，只对他说了一句话："每天去帮助一个身旁的人。"然后，便要他一个月之后再来复诊。王力文觉得莫名其妙，以为医生是在故弄玄虚，但还是把处方单拿回家了，并尝试按医生说的去做。

就这样，一个月过去了，王力文又来到医生面前，但这次却是笑容满面地推开了门。"情况怎么样？"医生问，王力文开心地回答："真是太神奇了，以前听人说帮助别人自己也会快乐，我还不信，现在我才知道，听别人亲口感激自己，那种感觉真舒服。"

生活中，我们经常听到各种各样的抱怨，比如"你太自私了，对我一点都不好"、"你看看人家的男朋友，对女朋友多好，再看看你……"在说这些话的时候，我们大多数人都只想着别人对我们不够好，却没想过自己是不是为对方付出了，自己的索求是不是过多了，作为女友或男友，自己有没有让对方感觉到被关爱……

不在乎别人的感受，不为对方付出，不在别人需要帮助的时候及时施以援手，一味地抱怨别人自私、埋怨对方对自己不够好，总是站在自己的立场考虑问题。以这样的态度与人相处，最后得到的结果也只会是吵吵闹闹，不欢而散，更有甚者还会反目成仇。

当我们在苛求别人对我们好的时候，需要明白这样一个简单的道理：别人凭什么为我们着想，凭什么对我们好？一位大学教授做过一个小实验：他从一群素不相识的人中，随机挑选了一些人给他们寄去圣诞卡片。他本以为，只有少数人会回信，但没想到的是，这些人回赠的节日卡片竟如雪花似的寄了回来。大部分给他回赠卡片的人，根本就没想过打听一下这个陌生的教授到底是谁，他们收到卡片，就自动回赠了一张，以表谢意。

可见，只有当我们先为他人着想的时候，别人才会为我们着想，这就是"互惠原则"在人际交往中的体现。也许有人会问：凭什么我一定要先为他人着想？就不能是对方先为我着想，然后我再予以"回赠"吗？这是因为，很多时候，是我们想要获得别人的好，也就是说，我们是那个"利益"诉求者。自然，想要得到，我们就要先付出。

从这个角度来看，人和人之间的关系，确实就像两个人在踩跷跷板一样，都是遵循一个原则：你先给我力量，我才能给你力量；你先给我好处，我才能给你好处。

就像中国人自古以来所奉行的"礼尚往来"一样，"互惠原则"其实也是一个普遍的社会准则。遵守它，我们就能获得更大的利益；违背它，就很容易遭到无情的唾弃和嘲弄，甚至会被戴上忘恩负义的大帽子。人们对于那些只知索取，而不知偿还的人，普遍怀有一种厌恶感，人们往往极力避免与这种人为伍，也不愿与之打交道。

因此，平日在与人交往时，我们应该大方一些，不要过于"吝啬"，也不要过于以自我为中心，尝试着多为别人着想，多多伸出我们的援助之手。当别人需要帮助的时候，切莫袖手旁观，及时提供力所能及的帮助。你会发现，这个世上还是感恩的人多。

6. 恋爱补偿效应——肯定对方，顺着对方说"是"

心理学上有一种"恋爱补偿效应"，表现在男女恋爱中，指的就是人们通常会喜欢那些先喜欢自己的人。而表现在普通的人际交往中时，则指的是大多数人往往更愿意跟那些喜欢自己的人相处。由此延伸开来，生活中我们经常会看到这样的现象：

人们更喜欢跟那些认同自己，赞同自己看法和观点的人交流、相处。如果有人总是反驳自己的观点，总是对自己说"不是"、"不对"，那么我们通常会疏远他。

有一次，李涛想买一台笔记本电脑，"误入"了苹果专卖店。一位销售员立即走上来给他介绍。本来他是不考虑这个牌子的，太贵了，但销售员的话却留住了他。

当时，李涛是这样说的："我想买个便宜的。"对方听后立即说："不错，我们这个牌子的确是不太便宜，但是它能有更好的操作感和艺术感，并且具有相当长的稳定性和保值性。虽然价钱贵了些，但您却可以用好几年。而且，我看先生您举止不凡，绝对不是缺钱的人，您放心，我们有良好的售后服务，保证让您物有所值。"

在销售员巧妙的话术下，最终，他被对方说得心情大好，买了一台上万元的机子。

从心理学的角度分析，人与人之间最畅通的交流，应该是彼此达成一定共识。如果一个人在主观上不愿听我们说话，那么我们的任何言语都是苍白无力的。想要让对方愿意跟我们坐下来好好说话，就必须先营造"是"的氛围，让他愿意听我们说话。

没人喜欢跟一个总是反驳自己的人交谈，即使他有可能真的不对，这是生物的一种普遍共性。比如，养过宠物的朋友应该知道，不管是小猫咪还是小狗狗，它们都喜欢主人顺着它们的毛儿来摸。同样的道理，与人交往时，我们迎合对方的想法，说"是"的这个过程，其实就相当于是在对他们进行"顺毛捋"。

为什么人会有这样的心理？有人也许会说，"因为大多数人都喜欢被拍马屁呀"。其实不然，这里面有更深层次的原因。

首先，一个人能迎合我们，这至少说明了我们在对方眼中是有可取之处的，是值得"迎合"的，单凭这一点，就包含了别人对我们的认同。与这样一个人相处，只要不出现极端情况，我们内心当然更愉悦，甚至愿意与对方进行深层次的交流。

其次，与一个懂得尊重和认同自己的人相处，会让我们更有成就感和安全感。至少我们可以知道，在我们还有"利用价值"之前，对方不会轻易地背叛、伤害我们。我们也不必为了维护良好的关系而一再让步，在精神层面也因为对方的肯定而获得相应的满足。

因此，从这个角度来看，与人交往时，我们要多利用这种"恋爱补偿心理"，多迎合对方，顺着对方说"是"。这样一来，不但能减轻对方对我们的抗拒和排斥心理，还能强化我们在对方心中的良好形象，使对方更乐意亲近我们。

当然了，凡事不能矫枉过正。值得注意的是，顺着对方说"是"，并不是没有底线的阿谀奉承。如果对方的一些言论过于离谱，这个时候，我们最好不要牵强附会。比如历史上著名的"指鹿为马"，这样纯粹的拍马屁行为，往往令人瞧不起，更不能将其理解为是"顺着对方"。

我们要做的是，科学地利用"恋爱补偿效应"这种心理，在合适的话题上，在适当的时机里，顺着对方的意思说"是"。让他觉得我们和他的想法、观点是一致的，是完全站在他这条阵线上的，是跟他合得来的。从而让对方从内心里削弱对我们的戒备，进而拉近我们跟对方的距离，促进双方友好交流，和睦相处。

7. 卷入效应——"我"和"我们"，小区别大不同

有一位心理学家做过一项有名的实验：选编三个小团队，然后从中选三个人来扮演专制型、放任型、民主型的三位领导人，然后对这三个团体进行意识调查。

结果发现，民主型的领导人所带领的这个团体，表现出了最强烈的同伴意识。而其中最有趣的是，这个团体中的成员大多都使用"我们"而非"我"来说话。

其实，这就是心理学上说的"卷入效应"。因为"我们"这个字眼，潜台词就是把对方和自己捆绑在一起，大家是一个共体，是一个团队，会令对方心中产生一种参与意识，一种被认同、被融入的感觉。

亨利·福特二世在描述令人讨厌的行为时，也说过："一个满嘴都是'我'的人，一个随时随地'我'的人，一个独占'我'字的人，一定是一个不受欢迎的人。"的确，在人际交往中，'我'字讲得过多，就会给人"突出自我，标榜自我"的印象。

可见，在人际交往中多用"我们"，能让对方觉得自己被重视，没有被排斥，有共同参与的感觉。会说话的人，往往会刻意避开"我"字，更多使用"你、您、我们"等字眼。就跟你更喜欢谈论自己一样，对方也更喜欢听到与他们有关的。

与人交往，过分强调"我"字，会给人突出自我、标榜自我的印象，这会在对方与你之间筑起一道防线，形成障碍，影响别人对你的认同。人际沟通的本质，在于有意图地对他人进行控制、引导。单单一个"我"字，未免显得有些冷漠，听在他人耳中，更像是说话者在向他人传递一个"你别参与"的讯号，无法让别人与自己站在同一战线。

这就好比一个小孩子，他的口头禅通常是这样的：这是我的东西。他们总以"我"为表达的主体，这是因为小孩子的自我显示欲太强烈所造成的，小孩子这么说，是天真率性的表现。但是，如果成年人在交往过程中，也用这种表达方式，就可能在人际关系方面受阻，甚至在自己所属的团体中被人孤立。

相比起来，"我们"这个词就温和多了，它就像一团雪球，将靠近它的人都吸收进去并壮大自己。一个善于说"我们"的人，是很有领导力和号召力的，是受人欢迎和拥戴的。"我们"这个词，最能使人产生团队意识，适用于我们生活中的各类人际交往。

美国加利福尼亚州立大学就做过研究，他们从大街上随意选取了154对"从一而终"的中老年夫妇。研究人员在实验室内拍摄下这些夫妻15分钟的对话，主要记录其出现矛盾时各自的想法，同时监控他们的心率、体温和流汗程度，以评估其生理状态。

结果显示，在交谈中频繁使用复词，如"我们"、"我们的"的夫妻，他们的说话语气和神态更相似，争论时的态度也更积极，且出现压力增加的情况也更少。而那些喜欢在吵架中强调"我"和"你"的夫妻，更容易在争论中引发对这段婚姻的不满，争吵时间越长，呈现的压力感越大，冲突也就随之加剧。换言之，平时总爱说"我们"的伴侣，在面对冲突时更能和平解决，生活也更幸福。相反，总是说"我"的夫妻则矛盾不断。

该项研究的负责人本杰明·赛德解释："'你我'分明的夫妻更自我，不善于从伴侣的角度思考问题。而更偏向于说'我们'的夫妻，他们的婚姻满足感更强。"

诸多事实证明，人们在听别人说话时，对方说"我"、"我认为"带给我们的感受，远不如采用"我们……"那么，如何在说话中多用"我们"、"咱们"呢？

第一，尽量用"我们"、"咱们"代替"我"。很多情况下，我们可以用"我们"、"咱们"一词代替"我"，这可以缩短和其他人的心理距离，促进彼此之间的感情交流。例如："我建议，今天下午……"可以改成："今天下午，我们（咱们）……好吗？"。

第二，这样说话时应用"我们"、"咱们"开头。在员工大会上，领导如果想说："我最近做过一项调查，我发现40%的员工对公司有不满的情绪，我认为这些不满情绪……"。此时，他完全可以将上面这段话的三个"我"字转化成"我们"。

"我"只能代表一个人，而"我们"、"咱们"代表的却是整个公司，代表的是大家，员工自然容易接受。

第三，非得用"我"字时，以平缓的语调讲出。不可避免地要讲到"我"时，你要做到语气平淡，既不把"我"读成重音，也不把语音拖长；同时，目光不要逼人，表情不要眉飞色舞，你要把表述的重点放在事件的客观叙述上，不要突出做事的"我"，以免使听的人觉得你自认为高人一等，觉得你在吹嘘自己。

总之，"我们"是一种共同的担当和认可。多用"我们"代替"我"，让那些与我们交谈的人慢慢走进我们的阵营，缩短大家的心理距离，促进彼此间的感情交流。

第二章

需求心理：给对方想要的，付出才有价值

1. 刺猬法则——关系再"铁"，也要留点私人空间

刺猬，一种全身长着针刺的生物，由于身体原因，它们彼此不能靠得太近。否则，身上的针刺会扎到彼此。因此，对于两只"刺猬"来说，哪怕关系再铁，它们也会相互给对方留点安全距离。在心理学上，有人据此提出了一条法则，就是刺猬法则。

刺猬法则告诉我们：人和人之间需要保持一定的距离。人人都需要拥有一个能自己把握的私人空间，它犹如一个无形的"气泡"，为自己划分一定的"领域"。当一个人的私人"领域"被他人侵犯时，便会感觉到不舒服、不安全，甚至开始恼怒排斥。

从前，有一个书生，为人恭谦有礼，温润如玉，是十里八村人人称道的君子。但有一点不好的是，他的父亲死的早，家里又没有其他男性亲人，母亲碍于身份，对儿子在男女之事上的教育做得不到位。导致这位书生在成亲后，闹出不少笑话。

比如有一次，书生与几个同窗开怀畅饮之后回家，见房里还亮着灯，也不敲门，就直接推门而入。进去之后，他才看到妻子正在清洗身体，场面有些不太雅观。

书生饱读圣贤之书，哪里容得下这等"不检点"之举，当

即摔门而去，找到母亲，说要休妻。母亲大惊，问："怎么回事，儿媳一直表现良好，为何要休她。"书生就把方才的事告诉了母亲。母亲听后，却是板着脸，拿了戒尺打了书生几下，说道："这本来就是你的不对，进门之前为何不先敲门？如此无视别人的意愿，哪里算得上君子。"

书生很委屈，说："可她是我妻子啊，又不是外人。"

母亲摇摇头，说："且不说女人家有些事本就很私密，不便与你们男人知道。就是要好的同性朋友，你也该注意自己的行为，不可靠得太近，让人家没了秘密。"

两个农夫关系很好，想把菜种在一起，但菜挤在一起后全部枯萎了，于是两人互相埋怨对方的菜占用了自己的空间，关系逐渐疏远。任何事物，两两之间若是没有了距离，也就没有了美感和包容。

有位心理学家做过这样一个实验：在一个刚开门的大阅览室中，当里面仅有一位读者的时候，心理学家便进去坐在对方的身边，来测试对方的反应。因为被测试的人不知道这是在做实验，所以大部分人都会默默起身，到远一些的地方坐下，还有人会非常干脆地说："你想干什么？"参与这次实验的整整有80个人，但结果都相同：在一个仅有两位读者的空旷阅览室中，任何一个被测试者，都无法忍受一个陌生人紧挨着自己坐下。

因此，与人交往，我们也一定要注意自己与对方的距离，不可过分靠近，让对方拥有保留个人秘密的权利。同样，也给自己留一块"私人地带"。那么，在具体的交往中，我们如何保持这种距离呢？

首先，与家人相处，不能没有恭敬心。亲情是我们最难以割舍的情感，也是从我们生下来的那一天起，就享有的一种情感。因为过于"亲密"，以至于很多人在与家人相处时，容易越过对方的红线，肆意践踏对方的个人意志。

如打听父母之前的情史、取笑某个兄弟曾经的丑事和难堪遭遇……很多人以为，家人之间不必讲这么多，相互之间也不该有秘密，这是极大的错误。

事实上，和亲人相处，我们更不能太过随意，对待长辈一定要有恭敬心；对待同辈一定要有包容心；对待小辈一定要有仁爱心。对方的事情，人家愿意说就好好听着，不愿意说就少打听，不要干涉，更加不要肆无忌惮，这样的家庭才能和谐相处。

其次，与爱人相处，不要试图占据对方的全部。有人说，爱情是神圣伟大的，爱他就要把自己彻底交给他。这本是告诉我们，在爱情中要敢于奉献。然而，生活中的很多人却误以为"爱他就要占据他的全部"，将"给"理解成"拿"，刨根问底地追问爱人曾经的经历和情史，想方设法探查爱人的一切秘密，不允许对方有自己不知道的事情。

这样的婚姻是很难长久的，夫妻之间的关系很亲密，但这并不意味着两者之间就不能有些小秘密。特别是兴趣爱好有差别的夫妻，不能强求对方和自己有一样的爱好。要保持一定的距离，认同对方的喜好，然后有各自的朋友圈，和睦愉快地相处。

最后，与好朋友相处，要时刻牢记"距离产生美"。好朋友之间，彼此给对方的印象通常是正面的、良好的。想要长久维持这段友谊，我们就应该将这种良好印象不断强化。而要做到这一点，保持"边界感"是不可缺少的关键。

好朋友需要帮助了，我们就伸出援助之手。但是，请不要走过去打量对方，因为，没人愿意把自己落魄的一面暴露在别人眼前。

心理学上有一个"自我边界"的概念，表现为交往中尊重对方的意愿和选择，保持一定距离。人际界线不清晰最典型的两大表现，就是把别人的事当成自己的事，以及过度暴露自己的秘密。周国平说过："在一切人际关系中，互相尊重是第一美德，而必要的距离又是任何一种尊重的前提。"能各自定位好自己的位置，这样的关系才能长久。

2. 说谎心理——若无恶意，不必急着揭穿他

在心理学领域，人们普遍接受的一种观点是：说谎其实是一种求生本能，是人类本能产生的一种自我防御保护机制。可以说，每个人从娘胎里出来，就已经具备说谎的"潜质"了，说谎的基因已经"深种"在人类的遗传序列上。

心理学上对"说谎"的定义是：在知道真相的情况下，故意对事实进行隐瞒、歪曲或凭空编造虚假信息，以误导他人的行为。也就是说，说谎就是一种欺骗行为。

不过，生活中虽然常听人们批判这种行为，但美国心理学家罗伯特·费尔德曼经过研究发现：我们每个人，每天至少撒3个谎。说谎的内容多与情感和感觉有关，包括情绪、观点、

对他人或事物的评价等，而且，人们倾向于假装正面的、积极的感觉。

可见，说谎实际上已经成为人们不可或缺的一种"能力"，我们大可不必对它一味地口诛笔伐。人们之所以厌恶"说谎"，不过是觉得自己受到了欺骗，而这种欺骗，很大程度上代表着欺骗者所施加的伤害。也就是说，大部分谎言都是恶意的。但是，并不是所有的谎言都是以"伤害"为目的的。也有一些善意的谎言，能起到帮助人的作用。因此，比"说谎是对是错"更重要的，是洞悉说谎之人的动机和背后的原因，提防恶意的谎言。

雨果和巴尔扎克都是世界文坛巨匠，同时也是一对十分要好的朋友。有一次，巴尔扎克到雨果家里做客，看到雨果豪华典雅的红砖寓所，就十分高兴地参观起来。

在参观雨果的书房时，巴尔扎克一不留神，将桌上的一个笔筒碰倒在地。只听"啪"的一声，笔筒当即摔得四分五裂。见此情景，巴尔扎克心里不由满是愧疚。

随后，巴尔扎克向雨果连赔不是，请求得到雨果的谅解。谁知，雨果一点也不生气，笑呵呵地说道："老朋友哦，你不必为此感到内疚。我也是最近才明白，这家伙竟然只是一件很普通的用梨木做的赝品。它欺骗了我这么长时间，我正恨不得扔掉它呢。"

听了雨果的这番解释，巴尔扎克如释重负。

其实，那个笔筒是一件制作考究、年代久远的真品，且价值不菲，更是雨果最爱的一个笔筒。雨果之所以说它是赝品，只是不想让好朋友巴尔扎克有心理压力。在雨果看来：虽然笔简价值不菲，但相比之下，两人的情谊更加珍贵。

从情感上来说，我们每个人都很难接受别人对自己说谎。但生活的错综复杂，永远不像我们想象中的那么简单，有时候，一些谎言比真相更能保护我们或我们关心的人。在尚未弄清对方说谎的理由之前，先不要急着去说破。也许对方只是不想让我们担心，也许只是准备给我们一个惊喜……总之，与其盲目地抗拒谎言，不如试着探寻谎言背后的深意。

很多时候，人说谎是出于一种自我防御、自我保护的无意识行为。它反映出人们对周围环境的一种焦虑、不安全感，是一种为了减少人际冲突而出现的退缩表现。

从科学的角度来分析，说谎的人一般都有以下几种动机：

第一，为了自己得到实际的利益。

第二，为了满足自己的虚荣心，将事实放大。

第三，为了讨好别人，照顾别人的情绪，让别人感觉好受一些。

第四，为了减少冲突，让自己处在一个比较安全的人际关系环境中。

第五，为了保护自己，在面临压力无法解决时，说谎可以给自己减轻压力，保护自己。

从这里就可以看出，人在说谎的时候，通常是没有恶意的，或者说，说谎仅仅只是为了保护自己，让自己得到更多好处。这种"说谎"有别于"欺骗"。如今，随着心理学家对人类心理的研究逐渐深入，他们开始把"欺骗"和"说谎"彻底分开。

与"说谎"的自我防御保护机制不同，"欺骗"是一种恶意的"造假"。越来越多的研究人员把欺骗定义为：一种企图在另一个人身上建立欺骗者认为是错误的或理解的行为。简单来说，欺骗的目的就是为了让被欺骗者相信欺骗者的话，以便欺骗者达成某种不方便直接透露给被欺骗者的目的。而绝大多数时候，这些目的对被欺骗者都是有害的。

因此，在与人交往的过程中，我们一定要注意分辨对方的"假话"，到底只是单纯的"说谎"，还是有意识地"欺骗"。如果只是出于自我保护性的"说谎"，那么我们就不必过于苛责，硬要戳穿对方的谎言；但如果对方是刻意针对我们的"欺骗"，是抱着恶意对我们说假话，那我们也不用客气，直接远离他们就好。

有时候面对谎言，在我们尚不知道真相之前，盲目戳穿也许并非好事。先不要着急下定论，也许戳穿的后果更残酷，又或者，这只是一个善意的谎言。有时候，选择不说破，反而会让生活多点阳光。

3. 改宗效应——好好先生做不得

美国社会心理学家哈罗德·西格尔通过研究发现，当一个观点对某人来说十分重要的时候，如果他能利用这个观点使得一个"反对者"改变其原有的意见而和他观点一致，那么他更倾向于喜欢那个"反对者"，而不是那个从一开始就始终同意、附和的人。

简单来说就是，相比那些一向附和自己观点的人，人们更加喜爱那些在自己的影响下改变观点的人。因为通过与人辩论，用事实说服对方，使对方改变原先的观点，转而认同自己的观点，这是一件十分有成就感的事。这就是有名的哈罗德的"改宗效应"。

"改宗效应"告诉我们的道理是：那些没有是非观念的"好好先生"，之所以会被人瞧不起，就是因为他们不能给别人一种挑战后取得胜利的成就感。生活中，不少敢于坚持自己观点，有独立想法的人，最终会受到人们的尊重以及由衷的喜爱。而那些为了讨别人喜欢就放弃自己的主见和观点，满口附和别人的"好好先生"，反而为人所轻视。

王启桥性格比较胆小怕事，遇事过分忍让，因此，在公司里常常被其他同事忽视。每次部门里有什么福利，如果不够分，那肯定是没有他的份的。就算够分，他拿到的也一定是别人挑剩下的。看电影时他的票被别人拿走；外出野营时，他被要求看行李，他总是那个最先被排除的人。但实际上，在他心里，非常渴望自己能与别人一样，得到属于自己的那份利益和欢乐。

由于他的软弱和忍耐，这种事情一直持续了很久。直到有一天，公司发福利，组团参加一场十分精彩的音乐会。事先本来是准备了足够数量的门票，但是因为有几个同事临时带了家属，多拿了几张送给自己的家属，结果到了王启桥这里就没有了。要是平常的时候，王启桥可能就忍了，但这场音乐会是他一直非常向往的，所以他终于忍无可忍，一向木讷的他来了个总爆发。

他大吼一声，激动的声音让所有人都愣住了。他一把抓走负责人手中的票，在众目睽睽之下摔门而去。大家在惊讶之余，似乎也领悟到了什么。在后来的日子里，大家对他的态度变得好多了，再没有人敢未经他的同意，就随随便便拿走本属于他的东西了。

俗话说："予人玫瑰，手留余香。"可如果我们在予人玫瑰的同时，还不停地予人月季、牡丹和其他各色各样的花，那可就不是手有余香，而是各种"怪味"冲天了。

生活中，不乏这样的人，因为怕得罪人，就没有下限地去违背自己的内心，附和别人的意见。或是为了讨好别人，让别人喜欢自己，就不敢说出自己内心真实的想法，一味迎合对方的喜好。殊不知，只会说"好"的人，既不会引起别人的关注和重视，也不会赢得别人的尊重。只会在人来人往中，被周围的人遗忘在角落里，最后一无所获。

正如丹佛大学丹尼尔斯商学院的院长，克莉丝汀·里奥丹说过的那样："太随和、太好说话的员工，虽然试图借此给上司或同事留下好印象，但结果往往都不尽如人意。凡事都要有度，太好说话，不但不会让你有所收获，许多时候反而会阻碍你的职业发展。"

因为在他人看来，凡事都谦让，过分随和，从不与人争论辩驳，要么是没有主见，要么就是油嘴滑舌，处事圆滑之人。而不管是哪一种人，事实上都不为人所喜。

而且，只会一味迎合的人，虽然可以给他人留下"好说话"的印象，但与此同时，也很容易被别人抓住你的短处。今天你接受了对方的要求，迎合了对方，某一天，如果你不再迎合他，不再接受他的要求了，对方非但不会感激你曾经的那些帮助，反而会觉得你这个人说话不算数，关键时刻掉链子。也就是所谓的"升米恩斗米仇"。

在工作中也一样，一味地迎合别人，总是妥协、逆来顺受，别人并不一定买账，我们也并不会因为"听话"就得到别人的尊重，只会给人留下"无能"的印象。相反，如果我们适当地拒绝，只要拒绝得有道理，那么，不但不会得罪对方，还会让对方真正尊重我们，从而对我们刮目相看。毕竟，有谁会对一个只进不出的闷葫芦尊重呢，不是吗？

因此，无论是在生活中还是在职场上，与人交往的时候，我们都不可以一味地做"好好先生"，要敢于说出自己的观点，拥有自己的立场。只有发出自己的声音，别人才会对我们另眼相看，才有兴趣与我们平等交往。

4. 非理性定律——感情用事会导致判断失误

非理性定律告诉我们：人都是感情动物，对许多事我们不是凭借科学仪器去判断，而是用自身的感情去衡量。这就告诉我们在人际关系中，若懂得处理好对方的感情，无疑会树立自己良好的形象，但是同样，我们也会因为过于讲"感情"，而产生认知偏差。

有一对情侣，男的非常懦弱，无论什么事都让女友先试，女友十分不满。

有一次，两人出海遭遇飓风摧毁船只，幸好女友眼疾手快，抓住一块木板，这才保全两人的性命。望着茫茫大海，看不到一点儿逃生的机会，女友问男友："怕吗？"

男友从怀中掏出一把水果刀，说："如果有鲨鱼来，我就用这个对付它。"

女友苦笑着摇头。也不知飘了多久，一艘货轮发现了他们，正当他们欣喜若狂之际，一群鲨鱼突然出现，并向他们游来。

女友大叫："我们一起用力游，会得救的。"

然而，男友却一把将她推进海里，自己一个人扒着木板朝货轮游去，同时口中喊道："这次就让我先试试吧。"

看着男友的背影，女友感到非常绝望。就在这时，鲨鱼向男友追了过去，凶猛地撕咬并吃了他。最后女友得救了，她坐在甲板上一言不发，大家都为她男友默哀。

船长走过来，说："小姐，他是我见过的最勇敢的人，我们为他祈祷吧。"

女友却冷冷地说道："不，他是个胆小鬼，看见鲨鱼来了，就抛下我自己逃生了，想不到鲨鱼最终会吃了他，真是活该。"

"不，小姐，我想你是误会了。"船长摇摇头，说："刚才我一直在用望远镜看你们，我清楚地看到他把你推开后，用刀子割破了自己的手腕。鲨鱼对血腥味非常敏感，所以才追着他不放。如果他不这样做，您可能永远也不会有机会出现在这艘船上。"

从实际生活来看，无论多么理性的人，内心深处都有一片柔软。一旦那处"柔软"被触动，人就会变得非理性。所以故事中一向能干的女友，在被男友"抛弃"后，立刻变得感情用事起来，凭借自己惯有的不满情绪去判断，由此所产生的认知有着强烈的主观色彩。但旁观的船长却从望远镜里看到了客观的事实，知道这个女子误会了她的男友。

可见，一个人一旦变得感情用事，相对地，就会变得"愚蠢一些"，不再像平时那样精明。从这个故事来看，"感情用事"无疑会平添些许误会。因为感情用事而导致判断失误，出现认知偏差，进而产生某些误会，这样的事在我们身边并不少见。

当一个人的大脑完全受情绪主导时，他就会根据自己的情绪和喜好来看待世界，分析问题，这很容易产生不正确、不客观的认知。根据英国《新科学家》杂志报道，加拿大心理学家的最新研究证明，在美女面前，男人大多会失去理性，不惜放弃未来的发展机会，急于用江山换美人心。然而，女性则相反，她们更看重男性的"发展潜力"。

如果仅仅从对异性的选择上来看，多数男人这种只爱"美颜"不看"内在"的选择是短视的，是只顾眼前利益的"非理性行为"。

在我们的人际交往中，需要尽量避免这种"感情用事"。正如电视剧中所演的，很多坏人通常就是利用主角的"感情用事"，一步步诱导其进入陷阱，为人操控。在现实生活中也是一样，感情用事往往会让我们陷入"被动"的状态，被人利用而不自知。

想要掌握人际交往的主动权，更清楚地看清一些事情而不被表象所迷惑，我们就要努力保持理性。比如，路边看到一对男女打架，先不要一味地认为"打女人的男人不是好人"，要先客观地了解其中缘由。也许，这个女的是人贩子，而男的是警察。

只有我们保持足够的理性，在遇到一些能挑起我们情绪波动的事情时，才能最大程度地控制我们的感情，以一种客观、理性的目光去寻找事实真相，减少误会的发生。

5. 示弱效应——利用他人的"吃软"心理获得所需

美国哲学家杜威曾经说过："人们最迫切的愿望，就是希望自己能受到重视。"而向人示弱，正是一种让别人觉得自己受到重视的表达方式。比如现在流行的卖萌、扮委屈，其实就是示弱的一种。从心理学的角度看，示弱能够引发对方的同情心、同理心，进而软化他们的态度，拉近彼此的距离。在与人交往中，示弱常常能取得克敌制胜的效果。

徐玉瑛在机关单位工作，现在可以说是事业上已小有成就，但她的丈夫却于前几年下岗了，每天在家里给她洗衣、做饭、收拾屋子。在外人眼里，徐玉瑛就是个不会做家务的女强人，觉得徐玉瑛和她老公之间不会有太多的幸福。但不知为什么徐玉瑛每次提起自己的丈夫总是赞不绝口，而徐玉瑛的丈夫也总是满脸笑容。

有一天，徐玉瑛邀请闺蜜去她家吃饭，并亲自下厨做了一顿非常可口的饭菜，并嘱咐闺蜜说："我老公回来不许说是我做的，就说是我从外面饭店订的，这么多年他也不知道我会做饭。"听了她的话，闺蜜就很纳闷地问徐玉瑛原因，徐玉瑛说："你不知道，自从他下岗以后就没什么事干了，所以为了伺候我就练了一手厨艺，他也就剩这点自信了，我不能把这点优势也给剥夺了，要不他还有什么可做的。女人呢！有的时候就得学会放弃自己的优势，学会依赖，以此来成就男人的自豪。"

绝大多数人都有这样一种心理：同情弱者。比如，两只狗打架，占下风的那只狗往往会赢得更多人的关心；猫咪和狗打架，即便猫咪的战斗力不凡，很多时候能把狗抓伤，但它娇弱的身体，还是让我们忍不住把它归到弱者一方，进而予以更多的保护。

可见，在人类的心中，那些看起来弱势的群体总能得到更多的关注、更多的帮助、更多的理解和包容。"示弱效应"正是利用了这一点，通过示弱，来奠定我们"弱势"的角色定位，进而引起对方的保护欲和包容心，从而促进彼此进一步的交流。

一般来说，在人际交往中运用"示弱效应"心理，有以下几个好处：

第一，在面对女性的时候，适当示弱可以激起她们的母性。根据相关社会心理学家研究发现，女性对于孩子的那种喜爱，有时候会因为一个人的示弱而被唤醒，进而给予这个人更多的宽容和理解。换句话说，生活中那些傻乎乎、憨态可掬的男子，大多都能引起女性朋友的注意和亲近。不过，需要注意的是，这种"示弱"不能太过分，否则，也会让女性朋友反感。毕竟，女性在母性泛滥的同时，也有"强者崇拜"的心理。

第二，示弱可以给人安全感，不会引起别人的戒备，从而确保自己不会受到攻击，不会成为众矢之的。德斯蒙德·莫利斯在《裸猿》中所说，猴群中表达投降示弱的方法，是弱势方主动给强势方挠痒，整理毛发捉寄生虫之类。而强势方表达对弱势方的友好，也是挠痒整理毛发捉寄生虫之类。可见，示弱能够减少敌意的存在，是生物的本能。

第三，能够增强对方的自信和成就感，进而促使对方乐意与我们交流。比如，当我们和恋人说出"这个我不懂，你教教我啊"时，恋人通常会很开心。或者当我们对同事说出"高手，教教我，这个问题怎么解决，你比较有经验"时，哪怕是再冷漠的同事，也很少有挥挥手，直接赶我们离开的。

这就是人的虚荣心在作祟，我们向对方示弱，就会让对方觉得自己有被我们称道的优点，这就相当于承认他的厉害和了不起，当对方的虚荣心得到满足，自然愿意和我们说话了。

每个人都希望获得他人的认可，被人称赞。从这个层面来说，与人交往，一味显示自己的长处，处处想着胜过别人，是犯了大忌讳，令他人对我们升起戒备心和抗拒心。适当示弱，能打消这种戒备，使对方感激我们的善解人意，愿意和我们相处。

因此，与人交往时，在特定的条件下，我们不妨适时地示弱，既可以使对方有一种"胜利感"，又能增强对方的自信，重新找回心理平衡，使交际得以顺利进行。

6. 透露一点隐私，满足对方的好奇和偷窥心理

心理学者苏晓波说："只要人格还没有成熟，人们就还会热衷于窥探别人的隐私；只要还有欲望被深深压抑的人，就会有人挖空心思地揭露别人的隐私。借着别人的隐私，宣泄自身的欲望；只要人性还存在着缺陷，窥探隐私的喜好，就永远不会

结束。"

偷窥心理，是人类普遍共有的一种心理。生活中，很多人将"偷窥"单单只定格于"窥视异性"，这是不对的。对异性产生窥视心理，也是基于人性本能，只是有些人没能控制自己的欲望，使得这种本能被放大，被扭曲。但是，"偷窥"这种心理，却是正常的。我们所"窥视"的，其实也不只是异性，而是范围更大的，一切"未知物"。

我们每个人都对自己所不知道的事物，所没能掌握的信息抱有好奇心，这种好奇心驱使我们去了解这些东西，进而产生"偷窥心理"和"窥视行为"。就像弗洛伊德说的那样，人们对别人隐私的窥探欲，来自于童年，来自对自己身世和来历的好奇心。

对于孩子来说，一切事物都是未知的，世界上所有的事物，都属于疑问和隐私，他怀着新奇、激动和迷惑的心情开始接触、了解、适应这个世界。在这个过程中，越来越多的疑问和隐私就形成了一种动力，导致了儿童对隐私的好奇和探求欲的形成。因此，人类生来就有好奇心，生来就存在对隐私的好奇。换言之，喜欢窥探隐私，是人类先天上的本能。

因此，从这个角度来看，在与人交往的时候，我们完全可以利用这种人类普遍共有，本能的"偷窥心理"，有选择地、适当地透露一些我们的小隐私，以此来满足对方的好奇心和窥视欲，进而促进彼此的交流，拉近双方的关系，助推良好关系的建立。

吴丽云刚进公司的时候，由于表现过于良好，吸引了很多男同事的眼球，导致一些女同事不待见她。为了打消这种隔阂和误解，她就主动跟同事们谈起了自己的恋爱经历。对于女神的恋爱史，人们自然是非常感兴趣的。于是她趁机道明了自己已经名花有主，并且正在考虑结婚的事实。这样一来，男同事明白了她的意思，女同事对她的敌意也大大减弱。

她说："有些隐私没什么啊，就像找男友这种问题，偶尔跟大家分享一下，既能减少不必要的暧昧，也能给其他姐妹一些启示，同时还能满足一些朋友的猎奇心理。只要我自己行得正、坐得端，就不会有什么事。适当透露隐私，是我的人际交往秘诀。"

生活中，很多人对自己的隐私讳莫如深，像保护金子一样用很多"盒子"将其锁住。其实大可不必如此，隐私也是分种类的。像家人的爱好、从事什么工作、恋人是什么职业、自己与恋人是怎么相知相爱的……严格说来，这些也是隐私，但对于真正的朋友，它们也不是什么不可告知的东西。

可见，保护隐私的关键在于，我们需要防范和戒备的对象。对于那些只在路上才能擦肩而过的人，对于那些隔着荧幕只通过网络聊天认识的人，我们自然要格外注重隐私，别说把家人的情况告知，就连自己此时此刻的心情，能不透露最好也不要透露。

但是，如果面对的是我们朝夕相处的同事，或者互相认识、知根知底的朋友，那么适当地透露一些不那么关键的隐私，有时可以激起对方对我们的兴趣和探知欲，进而引发更深层次的交流，从而加深和巩固双方关系。

通常情况下，适当透露自己的隐私，有以下几种好处：

第一，可以打消对方对我们的怀疑，增强对方对我们的信任。比如，恋人之间相处，有时候难免会有些疑神疑鬼。这个时候，如果我们适当地告诉恋人自己的一些消息，如"我下午是和闺蜜一起去做 spa 了"、"我昨晚在姐妹家睡觉，她还踢被子"……这些话题并不会涉及自己最核心的隐私讯息，但却可以有效地消除恋人的疑虑和不安，增强彼此的信任。

第二，可以给人留下一个"憨厚、耿直"的印象。很多时候，人们更愿意和憨厚、耿直的人交往。因为这样的人不会要弄心机，跟他们在一起不会很累。而向人透露一些私密的事情，是最能营造这种形象的。人们会想，连这种事都能说出来的人，肯定心大，心大的人一般都好相处。这样一来，人们在与我们相处时，也会不自觉地多一些真诚。

第三，会提升我们的话题性和趣味性。人之所以窥探别人的隐私，就是因为在这个过程中能够收获刺激感和趣味感。如果我们时不时地透露一些隐私，就会持续保持我们在他人眼中的趣味感，人们会愿意与我们交谈、相处。

总之，隐私不是绝对的不可触碰。面对陌生人，我们有必要保持缄默，保护我们的个人隐私。但在与人交往时，有选择地适当透露一些隐私，也是一种智慧，可以帮助我们建立易于相处的形象。

7. 懂也装不懂，满足他人"好为人师"的欲望

1943 年，美国心理学家亚伯拉罕·马斯洛，在他的《人类激励理论》论文中提出这样一个概念：人类的需求就像阶梯一

样，从低到高按层次分为五种，分别是生理需求、安全需求、社交需求、尊重需求和自我实现需求。其中，社交需求指的是，人人都希望自己有稳定的社会地位，希望个人的能力和成就得到社会的承认。

也就是说，人们在潜意识里，渴望在社会交往中得到他人对自己的尊重，并且希望找到"存在感"。"好为人师"正是基于这样一种心理，产生的一种普遍社会效应。

生活中绝大多数人都"好为人师"。但值得注意的是，它在本质上并非是一种美德，反而是利用对别人的挑剔来显示自己博学的一种自我炫耀。在大多数的情况下，这都是一个贬义词，好为人师者为人所不喜。不过，如果我们能在人际交往中利用这一点，多向他人请教，多满足他人"好为人师"的欲望，就能帮助我们在对方心中留下好印象。

郭永川进入公司不久，就被安排了一个重要任务。接到任务后，郭永川经过周密的分析调查，提出了若干方案给领导，又向领导逐条分析利弊，最后向领导请教用哪个方案。其实，领导对他的分析已经很信服，准备采取他的方案了。这时，他又向领导请教，领导心想：这小伙子确实会来事儿。于是就让他放手干，自己在后面撑着。自然，郭永川成了领导眼中的好苗子。

之后不久，由于郭永川态度谦恭，办事到位，领导很满意，就破例提拔他当了经理。并且，领导还跟几个部门的经理打了招呼，以至于，郭永川在工作中，通常能得到相关部门的全力配合。一年下来，他的工作非常顺利，就名正言顺地又一次升职了。

无数例子证明，多思勤问的人，总比那些羞于请教的人更容易得到赏识。毕竟，提问既能显出我们对工作的热情和思考，又能显出我们的谦虚和诚恳。这样的人，谁不喜欢呢？所以，我们在人际交往中，不要总是抱着"我这样问，对方会不会笑我，我是不是丢了脸？"的想法。

　　向别人请教，哪怕我们只是做做样子，也能给对方释放一个信号：您瞧，在我心中，您是很能干的，我得向你学习。这样一来，对方就会产生一种成就感、荣誉感，会觉得自己被尊重，自己的能力得到认可。在这种情况下，当然会对我们产生好感了。

　　从心理学角度看，成就感往往可以让人的心灵更加充实和愉悦。别人向我们求教，表明我们在某些方面是具有优势的，说明我们至少受到了重视。同理，我们向别人求教，对方也会产生同样的心理。所以，人际交往中，一个高情商的人往往"甘为人徒"，乐意做一个忠实的听众，给对方充分表现自己的机会，以此建立并拉近彼此的关系。

　　可见，装"不懂"，然后向人请教，实在是一种高明的交际手段。比如在与对方谈论事情的时候，对方往往会说一些自己擅长的东西，在这个时候我们如果表现出感兴趣的样子，对方往往会非常高兴跟我们交谈，继而增强彼此的关系。因此，我们无论是在职场中，还是在生活中，都切忌摆出一副什么都懂的样子，这样会非常惹人讨厌。

　　当然了，装不懂需要一定的技巧，并不是让我们真的装作什么都不知道。装得太过，也是不行的。一个什么都不懂的人，没人会喜欢。我们只需要表现出一种谦逊的态度，给别人创造发挥的空间，然后多问问别人的建议，让别人乐意与我们接触就行了。

比如以下两种语境，当我们与人交谈时，它们产生的效果截然不同：

第一种：

"那你说吧，这件事应该怎么办？"

"你行你上啊，有什么法子赶紧说啊，别磨叽，我听着呢。"

这种语气，过于盛气凌人，还带有强烈的不甘、不愿配合、被逼无奈的情感，虽然也是在向人请教，但可以预见，任谁听到这样的"请教"，心情也不会很高兴。

第二种：

"您好，有个问题，我想请教你一下。"

"能请您帮个忙吗，这个问题我不知道怎么处理。"

这种语气就谦虚多了，先把自己放在一个较低的位置，然后向对方请教，并且用语还可以活泼、俏皮一些。如此一来，就能轻易勾起对方的好奇心，以及帮助我们的欲望。

另外，我们也需注意，既然是在向人请教，就说明我们不知道问题的答案，至少表面上是如此。这样一来，我们就要保持虚心的态度，千万不要在对方面前"漏了馅儿"。要是听完对方的指点后，随口就说出比别人更好、更成熟的方案，对方就会知道我们是在"明知故问"，一个不好，就会给对方"我们是在卖弄"、"逗他玩"的印象，令其心生不满。

"好为人师"本身不是正能量的词，但是，只要我们转换思维，学会合理利用这种心理，满足他人"好为人师"的欲望，就能够促进我们的人际交往。

8. 肯定对方成绩，满足别人的荣誉感

依然是马斯洛的"人类激励理论"，其中说到的最高层次的需求，是自我实现需求。所谓自我实现需求，指的就是实现个人理想、抱负，将个人能力发挥到最大程度，达到自我实现境界。也就是说，每个人都有通过努力，去实现自己潜在可能的需要。

这就是我们常说的"成就感"。在心理学上，它被定义为：一个人心中的愿望和眼前的现实达到平衡时，所产生的一种心理感受。简单来说，就是一个人做出成绩，或顺利完成了某件难度较高的事情后，所产生的愉悦、自信、享受成果的好心情。

因此，可以说"成就感"是一个人所取得的成绩在情绪上的体现，它能给人带来愉悦的感受。在实际的交往过程中，当我们肯定对方的成绩，满足对方的成就感，让对方感到自我价值得到确认，荣誉感得到满足，进而就会对我们产生亲近的心理。

在2016年6月27日结束的百年美洲杯决赛上，阿根廷不敌智利，连续三次在世界级大赛的决赛场上失利。赛后，心灰意冷的阿根廷队长梅西接受记者采访。

梅西表示，自己从此将退出国家队。消息一出，立刻轰动了整个阿根廷，上到总统，下到普通球迷，大家都在用自己的方式挽留他。总统马克里在推特（一种网络自媒体）中写道："我从未对我们的国家队感到如此骄傲，我希望看到最好的球

员，继续为国效力。"末了，他还在这段文字的最后添加了一个标签——"梅西别走"。

接着，马克里又在随后的内阁会议新闻发布会上谈到梅西，表示："我们真的是太幸运了，梅西给我们的生活带来了如此多的乐趣，他就是上帝赠予我们的礼物。我们这样一个足球大国，拥有世界上最优秀的球员，这是多么荣幸的一件事啊！"同样，在民间也有一名叫优哈娜的阿根廷女教师，写了一封公开信挽留梅西，引起巨大反响。

最终，在铺天盖地的挽留中，梅西重返国家队。梅西十分激动地对球迷说道："我之前说过我不会回来了，但我还是回来了。在经过这么多的事情之后，我想回到阿根廷国家队。在说出那些话之后，我感受到来自所有人无与伦比的爱，大家一直不离不弃——不仅仅是这一次，而是一直以来。对此，我真的非常感激，我不能不回来。"

人向来注重外界对自己的评价，当自己的成绩被外界肯定和赞赏时，有助于他们形成良好的状态。在这种情况下，他们会乐意与外界交流。

邱吉尔说过："要人家有怎么样的优点，就怎么赞美他。"其实，这里面蕴藏着深层次的心理哲学。每个人潜意识里都有对荣誉感的向往。当我们满足了对方这种荣誉感，对方自然不会怠慢我们。以肯定对方成绩的方式来打动对方，往往是个不错的选择。

心理学中有个著名的"皮格马利翁效应"，传说皮格马利翁爱上了一座少女塑像，在他热诚的期望下，塑像变成活人，并与之结为夫妻。为什么会出现这种奇迹呢？用团队中上下级的关系来解释的话，那就是当上级领导对下属投入感情、希望和指导，表明自己对他有很高的期望时，下属就会受到激励，努力朝着领导期望的方向前进。

比如，1968年，美国心理学家罗森塔尔和贾可布森做了个实验：他们在一所小学，随意从每班抽取3名学生，共18人，然后极为认真地告诉校长、老师，以及这些学生，说他们是"新近开的花朵"，具有在不久将来产生"学业冲刺"的潜力。

其实，这18人完全是随意拟定的，那个结论根本没有依据。但8个月后，所有人都发现：这18名学生不但成绩提高得很快，而且性格开朗，求知欲望强烈，与教师的感情也特别深厚。多年后，这18人更是全部成为了优秀的人才，在自己的岗位上干出非凡成绩。

这个效应指出了一点：当领导、老师、专家等一些具有权威的人跟一个人说，"我相信你一定能办好"、"你是会有办法的"时候，那个人会觉得自己被人肯定，因此受到鼓舞，他们为了不辜负这份"肯定"，会格外地努力。

同样的道理，当我们在肯定别人已经做出的成绩时，其实也是在给予对方鼓舞。只不过与"皮格马利翁效应"不同的是，后者肯定的是一个人"未来的成绩"，相当于经济学中的远期风投，而前者肯定的则是已经看得到的、过去的成绩，相当于"秋后算账"。不管是哪一种，其中蕴藏的"肯定"和满足别人的荣誉感的力量，却是相同的。

由此可见，人的内心里对于成就感和荣誉感的渴望。在与人交往的过程中，如果我们能够运用好这一点，多多肯定他人，那么，就能帮助我们迅速博得别人的好感。

第三章

行为心理：读懂他人背后隐藏的秘密

1. 心口不一——点头就是 YES，摇头就是 NO 吗？

全球的身体语言大师，在美国 FBI 工作了 25 年，并长期担任反间谍情报小组专家的乔·纳瓦罗认为，一个人的心理无论怎么掩饰，都会通过一些无意识的细微之处表现出来。只要能够掌握这些动作蕴含的意义，就能"读心"。这就是所谓的"行为心理学"。

比如，一般来说，在我们一贯的认知里，点头就代表"是"，摇头就是代表"不"。但若从心理学的角度仔细分析，它们的意义并不止如此，具体到不同的地方和场合中，这两个动作所代表的意义也是不同的。有时候，点头太频繁，还意味着"反对"。

快下班的时候，人事部范福伟拿着一叠文件走进老板的办公室，说道："老板，您现在有时间吗？这是我刚整理的报表，向您汇报一下这个月公司的基本情况。"

老板原本正准备离开，现在却不好说"不"，就接过范福伟手上的报表点点头说："好，你说说吧。"

"本月公司情况不太好，绩效比上个月少了将近一半。还有公司的打卡机也不太好用，我建议换一个指纹识别的……"

老板眼睛看着报表，并频繁地点头。范福伟看老板点头，心里更加高兴，喋喋不休地继续说："行政文员又辞职了，结果导致还有一部分报表没完成。所以我们应该尽快再招一个文员。"

这时，老板却将报表递回来，并略带气愤地说："报表整理完后再给我看，其他的事，下个月再说。"然后就走出了办公室。范福伟有些摸不着头脑，不明白为什么一直在点头的老板忽然生气了。

在现代心理学的研究中，人们普遍认为：一个人的行为，往往蕴藏着其内心活动的密码。只要我们善于观察、发现这些密码，就能从对方的言谈举止中，探知其内心真正的想法和情绪波动。比如，在美剧《Lie to Me》中，男主角就非常擅长通过分析一个人的面部表情、身体语言、声音的变化和说出的话语来察觉真相。在港剧《读心神探》中，重案组高级督察姚学琛，同样能够透过别人细微的身体语言、表情或声线，看穿对方。

结合案例来看，点头并不一定就是同意，也可能是反对、不耐烦或漠不关心。根据场合的不同、对象的不同、交谈时机的不同，"点头"和"摇头"都各有不同的意义，我们需要具体问题具体分析。那么，通常情况下，它们具体有哪几种意思呢？

第一，点头动作与说话内容不符，表示对方没有认真听我们说话。比如，当我们与他人交流时，对方的眼睛却看着其他的东西，等我们说完后，对方没有任何回应，过了一会儿才慌忙点头，并说"好"，这就意味着，对方根本没有认真听我们说话。

因此，从这里来看，我们在社交场合中与人交谈时，要尤其注意这一点，不要眼神飘忽或注意力不集中，这很容易让对方觉得我们没听他说话，是不尊重他。

第二，频繁地点头，表示对方不耐烦。在两个人的谈话中，如果有一个人在对方说一句话、阐述一个观点时，频繁地点头。那么，很可能就意味着，他不赞成这个人的观点，但又不好直接拒绝，只能用不断点头的动作来表达自己的不耐烦。

我们在与人交往的时候，倘若发现对方频繁点头，仿佛不经大脑思考，那么，我们有必要缩短自己的讲话。反过来，我们在点头表示同意的时候，也要注意，不要频率过高，以免让对方觉得我们是在敷衍他，是在逗他玩。

第三，幅度小、频率低的摇头，是在暗示我们继续说下去。如果在交流过程中发现对方有这种动作，千万不要觉得对方是在表达否定的态度。相反，这是对方在暗示我们继续说下去，而他并没有插话的打算。也就是说，对方对我们之前的观点或想法，至少抱有一定的兴趣，能继续听下去。此刻，我们就应该打铁趁热，把我们的观点抛出来。

第四，摇头晃脑，表示得意。有些人在得意时，会下意识的摇头晃脑。比如当我们品尝到美味的食物时，心里得意于自己的好运，就会一边吃一边不断地摇头晃脑说："嗯，真不错，真是美味！"。与人交往时，如果对方露出这种表现，意味着我们可以趁机和对方拉近关系，对方在心情大好的情况下，很可能不会计较太多，从而接受我们。

第五，口头上赞扬却时不时摇头，表明对方并不看好我们。一个人口头上大力赞扬我们，说着"你的想法非常好"、"我一定会考虑你"、"我们会合作得很愉快"这样的话，却时不时地摇头。这些动作往往意味着对方的心里并不看好我们，他们摇头的动作就是内心消极态度的明显体现。所以，这个时候我们一定要留点神。

生活中，与人交往时，我们无意识中做得最多的动作，就是"点头"和"摇头"。为了表明自己的心迹，很多人会明确地点头或摇头，但很多时候，这是不自觉的附属行为。不管对方有意也好、无意也罢，只要我们留心，这些动作都能传递给我们很多信息，我们完全可以从他们点头和摇头的动作中探知他们的真实想法，进而有针对性地与之交流。

2. 搓手不一定是因为天冷

生活中，搓手是一种很常见的动作。冬天的时候，由于天气寒冷，几乎所有人都会搓手，借此让自己的手暖和起来。但很多时候，人们搓手并不仅仅只是因为天冷。

有一次，公司决定在国庆期间组织员工外出旅游，旅游地点是由大家投票决定的。由于秦川在大学学的是导游专业，并有很多同学都在旅行社任职，所以只要他能接下这件事，就能拿到一些较低的价格，并且有所保障。于是他自告奋勇，要安排这件事。

当时他走到老板的办公室后，他一边快速地摩擦手掌，一边笑眯眯地对老板说："老板，这个任务让我去做吧，我有很多同学在旅行社工作，一定给您把事情办好了。"

老板看着他不断搓手的动作，脸上露出了然的笑容，就对秦川说："好啊，交给你去办，办不好的话，大家出去玩儿，你就值班吧。"

"您放心吧，我一定办好，包您满意。"秦川听到老板的话后，兴奋地说。果然，最后国庆期间的旅游安排，秦川安排得井井有条，老板满意极了。

心理学家费德曼经过研究分析认为，搓手掌是一种最常见的心理密码，其中的含义，表示一个人对某些事物抱有期待，并且这种期待是包含着自信的。此外，这个动作还代表着紧张和不安，比如当人们在考试、第一次表演等情况下，就会出现这种心理。

仔细留心我们身边，就会发现，当孩子在冲我们喜笑颜开的同时，还会不经意地搓搓小手掌，其实他们是想问我们要东西了；再比如，当一名销售员卖出一笔大单时，他也会不由自主地搓手掌；还有人在下注、掷骰子、等待运动员出场时，依然会搓手。

可见，"搓手掌"是一个人内心波动的无意识外在表现。在不同的场合，它可能具有不同的含义，或许是急切、或许是悠然，也有可能是对方心里正在想着对我们不利的事。那么具体来说，在我们常见的"搓手"场景中，它们各自意味着什么呢？

第一，表示心里有些紧张，情绪不稳定。比如，当一个人处于怀疑，或一种巨大的压力状态下时，他通常就会不由自主地进行搓手。尤其是在形式严峻的时候，搓手的动作也会随之增大。因为对当前的事情有一种不自信、没把握的心态，所以用搓手的动作来表示他内心的苦恼、烦躁、焦虑之感，并试图通过这个动作来缓解自己的不安和紧张。

一般情况下，像那些心浮气躁、缺乏战场经验的人，大多都会做出这种动作。就像那些初次登台演讲的人，他们因为正在面临考验、承受压力，从而会变得不知所措，就会做出搓手掌的动作，用来缓解自己心中的紧张。

因此，与人相处时，如果发现对方搓手的频率很快，而且眼神游移，那么我们就要小心一些了，有可能对方处于某种困扰状态，也可能对方正在算计我们。我们不妨先关心对方是否有什么难处，再决定是否予以援手，或者借此探查对方对我们有无恶意。

第二，表示期待。当我们与客户见面，讨论即将到来的商品促销细节，在双方讨论接近尾声时，如果发现客户突然放松，姿态随意，双手不停搓动，速度不快不慢。那么，这就意味着他在用身体的语言告诉我们：他对这次合作很满意，期待收获好结果。

再比如，牌桌上，如果一个人不停地用手搓骰子，搓牌，其实就是在表达自己希望成为赢家。这样的人，一般很容易成为别人眼中的"小白"，属于很好骗的那种。

此外，还有一种情况，那就是在交易或商谈合作事宜的谈话中，如果一个人跟我们说话的时候，急速搓动自己的手掌。往往是想告诉我们，他可以满足我们所期待的结果，迫切地希望与我们合作。其台词是：你还有什么条件，都说出来吧，我会考虑的。

比如我们打算买个房子，如果房地产经纪人听到我们描述后，可能就会急速地搓着手掌说："我们这恰好有一处房产符合你的条件。"他的表现是希望我们能够满意这个结果。但如果对方是慢条斯理地搓着手，并对我们说，他有一处理想的房产，那我们就需要慎重考虑一下他的提议了，因为对方可能会占我们便宜，心里正冒坏水。

因此，许多推销人员都有一个不成文的习惯，就是当他们向潜在客户推销时，一定会使用急速的搓手动作，以免引起顾客的怀疑。相反地，如果是顾客搓着手掌，对推销员说："让我看看你们能够提供些什么？"则表示这名顾客希望推销员有他需要的好东西。

从这个角度看，搓手掌的动作，也代表着一个人对事情的期待程度。如果对这件事极为热衷，那他搓手的频率就高，有一种跃跃欲试的态度。反之，则说明兴趣不大。

除此之外，当一个人犯了错误，为了表现自己内心的复杂，他也会做出"摩拳擦掌"的动作；再有，当一个人思考时，也会缓慢地搓手，同时伴随摸下巴的动作。

总之，根据所处环境的不同，人们搓手所代表的含义也不同，所以我们在解读对方的心理时，还要注意我们所处的场合，如此才能知道对方的心里正在想些什么。

3. 手心即"人心"——双手一摊以示服从与妥协

手是我们身体最重要的部分之一，我们日常生活的方方面面，都离不开手的配合。一个人若是没了手，那么很多简单的事情都会变得难如登天。但是，在心理学家眼中，手的作用远不止于此。它还是表达人的感情和情绪的一扇窗，能像眼睛那样，折射出我们真实的内心世界。

经过近数十年来心理学家的研究分析认为，人们手上的许多微动作，可以透露出人们真实的内心活动。比如，当一个人做出双手一摊的动作时，既是在表现自己的善意，也是在表示自己的服从与妥协。因此，如果我们在生活中看到有人做出这一动作，就意味着对方是在表示："我什么也没做过"，或者"我认错"、"好吧，你说得对"的意思。

马欣蓉的丈夫喜欢喝酒，为此，她常常与之发生矛盾。

有一天晚上，丈夫又一次喝酒到很晚才回家。

他一推门进来，马欣蓉就对着丈夫劈头盖脸地一顿说："你一天到晚就知道喝酒，既然这么喜欢喝酒，这个家以后就别回来了。"

丈夫什么也没说，双手一摊，就灰溜溜地进了卧室。马欣蓉见状，以为丈夫是在推卸责任，还不愿意认错，顿时更加生气了。

第二天，气愤不已的马欣蓉找闺蜜诉苦："我的命真是不好，遇到这样一个酒鬼。早知道，我肯定不会嫁给他。"

闺蜜听后，就耐心地问马欣蓉："你责备他时，他有什么表现？"

"还有什么表现，他什么也没说，双手一摊，就灰溜溜地逃进卧室了。"

"双手一摊？"

"是啊，每次都这样，再没有别的动作了。"

听到这话，闺蜜笑了笑说："这是你用的方法不对。他双手一摊，以手心示你，就是在向你表示妥协，明白自己知错的意思。如果你再步步紧逼，不是弄巧成拙吗？不妨试着不再责备他，也许情况就会改变。"马欣蓉听后，决定试一下。

后来，丈夫再去喝酒，马欣蓉也不再责骂他，反而一阵嘘寒问暖。果然，慢慢地，丈夫不仅回家的时间越来越早了，也很少出去喝酒了。

从这个故事中我们不难看出，之前的马欣蓉由于不懂丈夫心理的微妙活动，以至于误以为丈夫油盐不进，态度上很恶劣。但等到她明白了丈夫"摊手"的含义后，通过她的态度上的一些改变，逐渐扭转了丈夫对喝酒的态度，使得二人的婚姻重回幸福。可以说，这一切都是建立在她"读"懂了丈夫心思的基础之上的。

由此可见，在人与人交往的过程中，哪怕是最亲密的夫妻相处，"读"懂对方的心理活动都是非常有必要的，这能避免彼此的许多误会。而在这"读"心的过程中，手上的动作更是最为常见的读心渠道之一。生活中，我们的手部动作有很多，大多数时候，它们都被主人赋予了"特殊的意义"。下面我们就来看看这些动作所表达的心理。

第一，双眼看着双手朝上的手心。当一个人把自己的手心朝上，并且用眼睛看着手心时，表示对方可能在想着某件事情。这种时候，我们最好不要去打扰到对方。

第二，举起一只手并以手心示人。当一个人举起一只手，并以手心示人时，表示对方想要发言，或者是想要引起别人的注意，其潜台词是"嘿，伙计，看这里"。

第三，隐藏手心或手心向下。隐藏手心或把手心向下，是一种权威性的代表，通俗一点来解释，其潜台词是"我不必和你解释，你只需要听我的就行"。

这是一种浓浓的"权威者"思想。因此，当有人向我们摆出手心朝下的动作时，我们立刻就能感觉到对方的控制欲。比如说，很多领导者都喜欢做出这个动作。

从生物本能的角度分析，手不会背叛我们的心，无论是作为我们心情的反应，还是对人与事物的情绪，都据实反映。哪怕我们刻意去规避、隐藏这些动作，在实际的相处过程中还是会不自觉地表现出来。因此，只要我们了解关于手的语言，就能相对准确地了解周围人的内心想法，从而为我们的人际交往乃至事业的成功提供帮助。

4. 鼻子上的秘密——手触摸鼻子是鼻子痒吗？

摸鼻子，是生活中人们频繁出现的一个动作。从生理学上来讲，当人们在对花粉过敏或感冒时，会因为鼻子发痒而反复地摩擦鼻子。鼻子，也是相对较为敏感、神经末梢分布较密的器官之一。因此，哪怕是一点点的小变化，也能引起鼻子的激烈反应。

有了这一层生理特征，使得"鼻子"在很多时候，成为了反应我们生理和心理变化的一枚"报时器"。比如，与人相处的时候，我们往往可以根据对方摸鼻子的次数、动作和频率来探知对方此刻内心的真实想法。换言之，摸鼻子多数时候不只是"痒"。

有一次，张伟成一不小心把女友的游戏删除了，担心会惹怒女友。想来想去，他决定装作什么都不知道，如果女友问自己就死活不承认，让她自己去瞎猜结果。

然而，当女友真正问到他的时候，他心里忍不住发虚，在说自己编的说辞时，总是不停地用手摸鼻子。女友一看，顿时狐疑地看着他，说："你就骗我吧，难道你没发现，自己说谎的时候都喜欢摸鼻子吗。我们在一起这么久了，还不知道你的小动作？"

张伟成一听，当即垮下脸来，苦笑着承认了自己的"罪行"。

在行为心理学中，一个人如果总是忍不住用手摸鼻子，往往意味着他在撒谎。因为科学家们发现，当人们在撒谎的时候，血压会上升，导致鼻子膨胀，从而引发鼻腔的神经末梢传送出刺痒的感觉。因此，人们只能通过频繁地摩擦鼻子来舒缓发痒的症状。

美国马萨诸塞州大学的心理学家罗伯特·费尔德曼，为了证实手摸鼻子的动作与说谎有关，曾经还专门做了一个实验，并用隐蔽的摄像机录下了现场的细节情况。最后，实验人员一边观看影像，一边计算人们在交谈中说谎的次数。统计结果显示，一个人竟然可以在短短的 10 分钟内说出 3 个谎言，而说谎过程中，最明显的动作就是用手去摸鼻子。

由此可见，当我们看到有人在与他人交流时，会不自觉地用手去触摸自己的鼻子，就要仔细考虑一下对方话语的真实度了。至少，我们要想到对方有撒谎的可能。

当然，有的人在说谎的时候也不一定会直接摸鼻子或捏鼻子，而是在鼻子上轻轻地蹭几下。因为这种动作的幅度比较小，所以一般不会被人们所察觉。

此外，用手摸鼻子的情况很多，有些时候，也不只是撒谎，还代表着其他的意思。比如李小龙习惯性地摸鼻子动作，这就是他的一种招牌动作，往往代表他对自己的自信，对对手的挑衅，以及对兴奋的反应。摸鼻子有很多含义，需要根据事实具体分析。

首先，手摸鼻子还可以代表紧张。根据心理学家研究发现，当一个人在过分紧张时，同样会产生心跳加快的现象，让体内释放出大量荷尔蒙和儿茶酚胺，鼻子就会变得痒痒的，于是人们会不自觉地触摸鼻子。生活中我们也能发现，一些人在不知所措的时候，往往会做一些无意识的动作来掩饰自己，而摸鼻子就是我们最常用的一个动作。

这种时候，并不一定表示对方心里有鬼或者蓄意撒谎。可能是因为他们想要隐瞒一些事情、害怕别人不信任他们。又或者是因为对方是在准备一个意外的惊喜，但因为太过紧张而被我们察觉到了。所以我们不能以偏概全。

其次，手摸鼻子代表害羞。当一个人对某位异性有好感而又不知该如何表达时，他就可能会通过摸鼻子来害羞地表达自己的爱意。这类人一般比较朴实、不善于表达自己，与这类人相处，我们一定要明白他们这些"小动作"背后的含义，弄明白他们的想法。

再次，手摸鼻子代表自我感觉良好。有些自我感觉良好的人也会不自觉地手摸鼻子，因此，他们在做出这一动作时，一般就是在表达："看吧，我比你想象的要出色。"

最后，手摸鼻子还意味着谦虚。不断用手摸鼻子的人还可能是一些谦虚的人，他们通过摸鼻子的动作掩住自己的嘴，意思是：让别人不要为此记挂，以减少别人的心理负担。一般这种时候，都会伴有一句"这只是小事，无需报答"这类语言。

总之，当一个人摸鼻子的时候，如果不是因为过敏或感冒，往往能表露出这个人的真实情绪，我们便可以结合具体情况来判断对方是否在说谎、紧张、害羞或者隐瞒等。从而更好地与人交流，也能在一定程度上避免那些不怀好意之人的伤害。

5. 眼睛是心灵的窗口——别被对方坚定的眼神骗了

生活中，我们常说眼睛是一个人心灵的窗口，透过眼睛能发现一个人美好的心灵。在很多人的认知里，我们可以从眼睛来探知一个人内心的情绪波动。大多数人认为一个人的眼睛是不会骗人的。目光清正内心就清正，目光邪厉，其内心就不太善良。

殊不知，随着人们对"眼睛即心灵窗口"的认识越来越普遍，眼睛也成了一个人最佳的隐藏自己想法或欺骗他人的武器。比如，当一个人用坚定的目光紧盯着我们看时，他所表达的含义也许并不是诚恳，而可能是因为他正在说谎。当对方用充满"爱意"的目光看我们时，也许他的内心毫无波动，甚至还想着如何"欺骗"我们。

王青雪是一家公司的行政文员，她做事勤奋，并且能力出众，因此深得老板的赏识，和同事也相处得很好。但突然有一天，王青雪却发现同事们看她的眼神变了。在上洗手间的时候，她还听到有人说她是小三、不要脸的狐媚子等。

这些话让王青雪有些不知所措，她根本不知道发生了什么事情，就找到和自己最要好的同事张敏，询问具体情况。对方偷偷地告诉她："昨天下班的时候，前台的李潇潇和几个同事说，老板这个月给你多发了1000多块钱的奖金，真不知道你和老板是什么关系。"

王青雪一听这话，顿时火冒三丈，自己本分做事，得到老板赏识，怎么就不清白了？于是，她立刻把李潇潇叫过来质问："是你和同事说了乱七八糟的话污蔑我是不是？"

对方却不温不火地看着她说："你看着我的眼睛，我绝对没说过这样的话，到底是谁告诉你的，你要不信就把她找来和我对质。"

看着李潇潇坚定的眼神，王青雪心里开始犹疑，难不成真的不是她说的？但老板这个月多给自己发奖金的事情只有张敏和她知道，而张敏决不会做这种事。

这样想着，王青雪又坚定起来，"对质就对质，我这就去把人叫来。"话一出口，就发现李潇潇突然变得惊慌起来。

人的普遍心理，最容易被骗子和坏人利用。因此，当别人说"请盯着我的眼睛"时，我们就需要根据当时的具体情况，分析其眼神的含义，不要单纯地相信。

老话说："说谎者从不看你的眼睛。"诚然，这话很有道理。但遗憾的是，骗子和坏人也认为它有道理，所以他们懂得有针对性地隐藏自己，甚至反过来利用这一点。就像高明的说谎者，他们会反其道而行之，选择加倍专注地盯着我们的眼睛，避免自己的谎言被识破。所以说，那些经常说"请盯着我的眼睛"的人，并不一定是在表示自己的真诚。

对此，心理学家专门做了一个实验。他们把一群志愿者分成两组，让他们面对面坐着，然后让其中一组向另一组说谎。而心理学家则通过提前在隐秘处安装好的摄像头，来观察说谎者的眼睛。结果却出人意料：有70%的说谎者都会坚定地盯着对方的眼睛。

从这个实验中，我们不难发现，那些说"请盯着我的眼睛"的人，其实正是利用这一点来为自己开脱。对于很多本身就有嫌疑的人而言，他们越是这么说，反而就越证明了他们的可疑之处。所以，我们要学会判断一个人的眼神，不要被对方坚定的目光所骗。

从实际生活来看，对那些擅长说谎的人来说，他们知道游移的目光很可能会泄露自己内心的秘密。为了让自己看起来更"诚实"，他们会用坚定的目光盯着我们，这时我们需要格外警惕。当然，大多数时候，坚定的目光还是比较可信的，一般心中有鬼的人，也很难真正做到目光坚定。只要我们留心观察，就会发现其中的蛛丝马迹，使他们现出原形。

　　此外，坚定的目光，也不全然表示"老实"、"我没说假话"，很多时候，它的含义是多种多样的。在日常的人际交往中，它还具有传递"诚意"和下决定的意思。

　　关于"诚意"方面，大家一般都知道，如果一个人在说话时，盯着我们的眼睛看，其实对方是在传递诚意。比如我们在讲述一件事时，对方一直盯着我们的眼睛。这表示对方正在很认真地听我们说话，很乐意与我们相处，并准备真诚地与我们进行交流。

　　另一方面，当一个人遇到困难，但又不愿放弃的时候，他往往会露出坚定目光。这种时候，他的眼神就与是否说谎无关了，而是代表他下定决心去做某件事。

　　总而言之，眼睛之所以能被我们称为"心灵的窗户"，就说明眼睛对于读取他人心理有着重要的作用。因此，我们只要用心观察这扇窗户，就一定能感知一个人的情绪和心理。但是，坏人多数时候都比我们更加了解这一点，所以我们需要"活学活用"，具体情况具体分析，不要单纯地被"理论"所骗，进而轻易被坏人抓住弱点加以利用。

6. 名片上的秘密——到处给名片的人
有着较强的自我表现欲

交换名片，是我们常用的一种表明自己身份的手段。职场中，这更是一种不可或缺的行为。但在实际生活中，常常有这样一种人，他们动不动就喜欢派发名片，而派发的对象，既不是业务上的合作伙伴，也不是打算深交的人，仅仅只是偶然说过两句话的人。比如旅途中搭讪的路人、饭店里恰好比邻而坐的人、宾馆中的前台招待等等。

对于这些人来说，派发自己的名片，似乎成为一种有意思的活动。他们为什么会有这种心理？根据心理学家的研究认为，这种人一般评价他人的时候，所运用的标准往往是对方的学历和职业。他们自己的名片上就常常堆砌着很多让人赞叹、羡慕的头衔。

其实，这就是一种较强的自我表现形式。在他们看来，只有这样，才能让别人更清楚地认识到自己是一个如何优秀的人，取得了什么成就。他们有野心、喜欢自抬身价，并且常常梦想着一夜暴富，但在交往中又经常会出现言行不一的地方。

有一次，陈云杰从学校回家，在火车上遇到一个跟自己年龄差不多大的人，两人因为一部电视剧，聊了很久。说到激动的地方，对方一个劲儿给他塞自己的名片。

陈云杰本来心想：自己只是个学生，跟对方又没有什么深入交往的机会和想法，收下对方的名片没有一点儿意义，就想拒绝。但对方一再坚持，他出于交际礼貌，还是无奈地接过了名片。拿来一看，只见上面写的是"某某公司经理"。陈云杰心里吃了一惊，暗道：这家伙挺厉害，这么年轻就当上了经理了。对方似乎看出他的吃惊，有些得意。

接下来，只见对方不停地炫耀自己是多么能干，虽然没上大学，但凭借能力，比公司一些大学生更加得到老板的赏识，说得一旁的陈云杰很不舒服。并且，对方也不只给陈云杰发名片，而是到了见人就发的地步，还不停地说"以后有需要，可以联系我"。

这下子，陈云杰算是明白了，对方就是习惯向人们"推销"自己罢了。

给名片，本来是一种简单的交流方式，可以更快、更直观地让别人认识自己。但如果见人就发，难免会让人感到不适，会觉得你这个人充满了攻击性。

因此，当我们与人相处的时候，一定要注意，给名片需要掌握分寸。如果对方是业务上的伙伴，那我们给名片是有必要的，但如果仅仅是只擦肩而过、一面之缘，那么在我们还没有决定与对方深入交往时，最好不要轻易给出名片，以免让对方反感。

反过来说，如果在与人相处时，对方急切地想给我们名片，那我们也应该明白，对方这么做很可能是出于表现自己，我们不妨遂了对方的"心愿"，进而促进彼此关系。但我们不能天真地以为，对方给我们名片就是打算和我们深入交往了，其实这只是他固有的一种习惯罢了，更深层次的交流还需慢慢培养。

此外，一个人名片上的内容和样式，也能表现出他的心理，在与人交往时，我们可以从这些细节入手，进而探知对方的心理活动。

第一，喜欢用粗大字体印名字的人喜欢表现自己。他们总是喜欢强调自己，以吸引他人的目光。这种人虽然有强烈的功利心，但在为人处世等方面却会表现得比较平和、亲切，具有绅士风度。他们很擅长运用一些手段来达到自己的目的，外表和内心经常会相当不一致。与他们相处，尤其是在与对方有利益上的冲突时，我们要小心谨慎。

第二，喜欢在名片上附加住址和电话的人有责任心。从心理学上讲，这种人大多具有较强的责任感，因为他给大家都留下了可以随时找到他的方式。与此相反的是，许多人为了逃避自己工作上的麻烦，他们会拒绝告诉别人自家的地址和电话。

第三，喜欢在名片上印绰号和别名的人比较叛逆。这种人一般都具有比较强的叛逆心理，做事也经常无法与其他人合拍。其为人处世方面一般都比较小心谨慎，但有时也会显得有些神经质，常常会猜疑别人，也怀疑自己。这使得他们很容易产生自卑感，在遇到挫折和困难时，会缺乏足够的信心，总想妥协退让。与之相处，我们要多些鼓励和包容。

第四，喜欢用轻柔质感的材料制作名片的人温和。这种人不太容易与人发生争执，在条件允许的情况下，他们会尽力原谅对方。但他们的意志力比较弱，常常会给自己带来一些失败和麻烦。与之相处，我们会感到舒适，但相应地，对方也需要我们的鼓励。

第五，同时持有两种完全不同名片的人精力充沛。这种人的精力往往非常充沛，同时还可能具备一定的实力，经常需要应付不同领域的人或事。他们的思维较一般人要开阔一些，眼光通常也比较长远。并且他们的创造力很突出，往往会有一些惊人之举。

总之，一张小小的名片中，其实蕴含着非常丰富的信息，如果我们能够掌握这种"阅读"对方名片的本领，那么我们在人际交往中也会走得更加顺畅。

7. 握手的秘密——探知对方内心的秘密

有着"读心高手"之称的霍茨·艾尔特说过："当一个人的手和另一个人的手相互触碰的那一瞬间，就意味着一种交流的开始。这好比有一种电波在人和人的身体，乃至心灵上展开传输。一旦握手动作发生，这种电波就会瞬间在彼此间产生。而从这微弱的电波中，我们就可以感知别人的内心。"

因此，在心理学上，握手不但是一种礼仪，更是人与人之间的一种交流方式。只要我们用心去解读，就能感受到对方通过手掌传递的信息，探知对方的真实心理。

2004年雅典奥运会女子乒乓球单打决赛中，中国选手张怡宁以4：0的比分轻松战胜朝鲜选手金香美，为中国代表团拿下一枚宝贵的金牌。赛后，张怡宁向记者透露，在比赛开始之前，她就已经知道自己肯定会赢。

记者问她：为什么会如此自信？张怡宁回答道："赛前与对方握手时，我感觉她的手是冰凉的，这说明她很紧张。"

行为学家有过研究，手是衡量一个人情绪的标尺。除了身体原因，一般情况下，一双颤抖的手，背后往往隐藏着一颗恐惧、紧张不安的心；而在一双发热的手背后，则大多是一颗激动、躁动，想要大干一场的心；一双冰凉的手背后，自然就代表着一个人绝望的心了。

从这里来看，"大魔王"张怡宁能够事先通过与对手握手时，感知对方手掌的温度，进而得出自己将获胜的结论，也是符合科学逻辑的。从更深的层次来说，当两个人的手紧紧握在一起时，它所传递的，绝不仅仅是问候这么简单，更是一种投石问路的试探。

在实际的人际交往中，掌握"握手"的奥义，是我们与人和谐相处，及时了解对方心意必不可少的能力。一旦缺乏这种能力，很可能会让爱我们的人失望，让对我们有恶意的人得逞。比如，当一个人想通过握手打探我们的底细，或通过握手来向我们施加某种压力时，如果我们不知道其中奥秘，那在接下来的"博弈"中就很容易处于被动状态。

秦彦军因为工作原因，需要经常和各种各样的人打交道。这对于他这种初出茅庐的毕业生来说，是一个很大的挑战。为了让自己迅速成长，他决定钻研心理学。经过一段时间的学习后，他学会了通过握手来探知对方的心理，从而抓住双方交流的主动权。

一次，秦彦军在和一个刚结识的合作伙伴握手时，感到对方握手的力气很大，像老虎钳子一样，把他的手夹的生疼。根据他之前所学，他知道这代表着，对方是一个控制欲极强的人。这种人总是企图能够从力量上控制对方，一般不容许对方反驳，更不容别人背叛。所以，和这种人交往的时候，最好不要得罪他，否则，他会让你吃不了兜着走。

为了成功将这位合作伙伴拿下，秦彦军决定"以柔克刚"。因此，他在和对方交谈的时候，尽量避开对方的锋芒，也不去抢对方的话茬，无论对方说什么，他都能从不同的角度予以积极的评价。正是因为谦恭温和的态度，让对方觉得满意，自然就没有怎么为难他，最后更是没怎么犹豫就和他签订了合作协议。

根据心理学家相关研究表明，如果一个人握手的力量偏大，有种掰腕子的架势，那说明这个人在性格上是坦率乐观的，是一个坚强开朗的人。但与此同时，也意味着他们的做事风格偏向强势，有种"舍我其谁"的气势。而那种握手力量适中，好似"蜻蜓点水"的人，一般都比较善于交际，能够在人际交往中做到游刃有余。但另一方面，也说明了他们非常谨慎多疑，难以完全信任他人。想要和这种人成为朋友，比前者更难。

还有一些人，与人握手的力量很轻，时间也非常短，显得有些敷衍了事。一般说来，这种情况是因为对方的情绪非常低沉，或者正在被别的事情困扰，导致没有心情应付社交。要不然就是对方对我们没有特别的好感，握手也只是一个象征性的礼节。与这种人交往，我们可以适当表现出我们对他的关心，最好做到"察言观色"，不过分纠缠对方。

除此之外，我们还可以从握手的方式来看出对方的态度。比如，有些人握手时间很长，这表明他对我们很感兴趣，希望与我们进行更深入的交流，以取得我们的好感。比如 1972 年，美国总统尼克松访华时，他曾与周恩来总理进行了长达 2 分钟的握手，就带有这种含义。

有些人喜欢在握手的同时与我们交谈，这是因为对方很可能是个"自来熟"，想要通过这种方式让我们感到亲切。当然，也有可能是对方在试探或审视我们。

有些人在握手时，只用手指抓握我们的手，而不让我们触碰到他的掌心。这表示对方的性格非常敏感，不喜欢与人交往。一般想和他们成为朋友并不容易，可一旦成为朋友后，彼此就有可能成为知己。另外，在交际场合，男人与女人握手，通常就是如此。

还有一些人，他们在与我们握手时，喜欢抓紧我们的手并不断地摇动。这种人一般都非常乐观，并且对人生充满了希望。他们乐于助人，而积极热诚的待人态度更能给他们带来很好的人缘，进而让他们成为中心人物。与他们成为朋友，会让我们感到放松。

最后，有这样一些人，在我们伸出手之后，他们会表现得十分犹豫。这大多是反映出他们的性格十分内向，并且不善与人交际，平时沉默寡言，做事有些优柔寡断。

总而言之，我们需要掌握一些握手的学问，在某些关键时刻，这些学问会成为我们在社交中的一项秘密武器，它就像我们社交中的"先遣部队"一样，能够帮我们提前捕获信息，帮助我们在之后的交往中占据主动地位。

8. 双手叉腰的暗语——是捍卫领地的"内心独白"

双手叉腰，在我们日常生活中是十分常见的动作。但实际上，它隐藏着人们很多的心理活动，在不同的环境中代表的意义也不同。比如，乔·纳瓦罗在《FBI教你读心术》一书中认为，这是一种捍卫自己领地的动作。就像黑猩猩捶胸口一样，意思是说"嘿，伙计，离我远点儿"，或者"别跟我待在一起，这里是我的地盘儿"。而人类学家戴思蒙德·毛里斯则认为，它还是一种"拒绝拥抱的姿势"，同时也是一种非常自信、自立的表现。

心理学家认为，传统的把手叉在腰上，是一种准备就绪的强势动作。比如，篮球队员通过这个动作，来表达自己对下一回合比赛的期待、短跑运动员在等待比赛开始时，也会做出双手叉腰的动作，这是一种强有力的领地宣言，意在宣告：我已经准备好了。

在我们生活中，经常可以看到这样一种现象：当我们在一些公众场合，如电影院、大会堂等地方，不小心占了别人位置时，有的人就会双手叉腰，说"抱歉，这是我的位置"。还有一些常年处在高位、或领导者地位的人，说话时也总是不自觉地双手叉腰。

双手叉腰，让实施者充满着微妙的攻击性气息，因此它也被称为成功者的姿势。一般情况下，男性会通过这个动作向女性表现他们的威严、自信和雄心勃勃的气势。

另外，它也有"强势"的含义。比如自然界中，小鸟为了让自己的躯干显得更强壮，会时不时地抖动羽毛；小猫小狗等动物也会为了显示强大，把身上的毛竖起来。而对于人类来说，自然是没有动物那般丰富的体毛，双手叉腰，就起到了异曲同工的作用。

生活中，当两个人进行理论或争吵时，其中一方如果做出叉腰的姿势，往往意味着他要发动或正在"进攻"，并且在气势上处于上风。相应地，他的对手正处于弱势。

从这一点来看，双手叉腰又具备了"自信、自强、自立"等特点。在我们身边，很多人都会不自觉地双手叉腰。比如在与人交谈的时候，有些人就会习惯性地把自己的双手叉在腰间，有的人甚至在走路的时候，也会不自觉地双手叉腰。对于这样的人来说，这是一种非常自信和自立的表现。尤其是那种走路也习惯双手叉腰的人，一般都很自信、果敢。只要下定决心去做一件事，就会非常有信心，他们的潜台词大多是：看我的吧。

当然，"双手叉腰"还有其他很多含义，在与人交往的时候，我们要想准确辨别对方的真正心思，还需要辨别他们的面部表情，以及各种实际情况。比如，对方如果是在紧扣衣服的情况下做出这个动作，那很可能意味着他正处于沮丧时期，对自己有些失望和怀疑；但如果对方是在外衣敞开的情况下做出这个动作，那多半代表了他挑衅的意味；如果一个人在双手叉腰的同时，还紧握着双拳，那就表示对方正处于暴怒状态，具有攻击性。

另外，当一个人在完成某件任务后，下意识地叉腰，那么这个动作就成了代表胜利的姿势。不过，会以叉腰来宣示胜利的人，虽然工作效率较高，但性格大多都比较急躁，所以在处理问题的时候，他们常常会忽视细节，导致最后无法达到精益求精的效果。

此外，这个动作还是拒绝对方的表现。在社交场合，如果一个人想把他人排斥在自己的圈子之外，他很可能就会做出双手叉腰的动作。潜台词是：我不想和你说话。

最后，除了男性，女性有时也会叉腰，虽然她们做这个动作的频率比男性少，其中的意义也与男性不同。但在很多时候，尤其是工作中，当一个女性做出这一动作时，就表示她能驾驭一切，这是一种极度"女强人"的姿态，这样的女人往往性格上要强。

女性还有一种"特殊"的叉腰动作：反手叉腰，拇指在前。这个动作，往往意味着她们好奇和担心的心理爆发。所以，当女性摆出这个姿势的时候，就表示她们正在判断当前的局势。当局势发展到令人担心的地步时，她们就会将自己的拇指转向外侧，以便让自己显得更具有控制力。而在这种时候，她们担心、不安的心理同样也表现得淋漓尽致。

不过，总体来说，双手叉腰还是"强势"和"权威"的表现。因此，与人交往时，我们一定要慎用这类动作，以免给自己的人际交往带来麻烦。但如果有人希望自己在与人交流的时候能够显得更强势一些，那不妨选用这种姿势，让自己看上去更具有气势。

9. 不经意的撇嘴——通常会暴露你的内心

撇嘴，在生活中是十分常见的一个动作。通常情况下，做这个动作意味着我们的情绪不高，心情不畅。也就是说，撇嘴是在表达一种负面情绪，每当人们感到悲伤、绝望、愤怒或者不屑、鄙夷的时候，他们脸上就会浮现出这样的表情。

生活中与人交往的时候，我们很容易忽视对方"撇嘴"的动作，进而被对方表面上的举动所欺骗。其实，很多时候对方内心的一些真实想法，就蕴藏在像"撇嘴"这样微小的动作中。只有了解它们的含义，掌握它们的含义，我们才能够真正读懂对方在交谈时的真实情绪。

具体来说，撇嘴蕴藏着丰富的信息以及多元的含义，它常常与人们的面部表情，语气声调相配合，从而衍生出各种各样的含义。日常交往中，其意义有以下几种：

第一，表示说谎。加州大学心理学家经过研究发现，当一个人在说谎的时候，除了会做出撇嘴的动作之外，他的眼睛还会不自觉地向上看，或者是专注地盯着对方的眼睛看，从而导致眼睛干燥，不停地眨眼。另外，说谎者会因为紧张而使自身血液流动速度加快，从而导致脸变红、鼻子变大。并且，说谎者还会下意识地摆弄手指，或重复问题。

有这样一个案例：

某公司财务部的孙才生是位名校毕业的高材生，虽然看着年轻，做账却是一把好手。一天，他拿着一叠厚厚的文件去向老板汇报上个月的工作。当时老板正在忙，孙才生撇撇嘴，正好老板抬头看了他一眼，就让他先坐。

孙才生坐下后，不由自主地开始翻手上的文件，老板又看了一眼，没有说话，继续忙自己的。大概十几分钟后，老板才招呼孙才生把文件拿过去。

老板翻了翻文件，看着他问："上个月进账多少？"

孙才生又撇了下嘴角，坐直身体说："130万。"

老板又接着问："那上个月支出多少？"

孙才生看着老板的眼睛，大声说："116万。"

听到孙才生的回答，老板用平静地说："嗯，不错，继续努力。"

于是，孙才生便喜滋滋地回到了自己的办公室。谁知，第二天在上班时，他却接到了人力资源部的辞退通知。

他准备和老板讨个说法，却被老板的助理拦了下来，并告诉他："你真是不知趣，老板早就怀疑你的账目有问题，一直在暗中调查你，现在调查结果已经出来了。"孙才生一听，震惊了。

所以，当我们发现有人的撇嘴时，一定要注意一下他还有没有其他小动作。如果他的面部表情十分怪异，举止间也有些不自然、不顺畅，那就说明他很可能在说谎。

第二，撇嘴表示"不屑"。很多时候，当我们在心里对一件事物或某个人很不屑时，就会不自觉地撇嘴，而给人的感受也会不太美好，会让人觉得我们是在轻视他。

某大学曾做过一个关于"你是否能接受自己的男友或女友是胖子"的调查。其中，有人直言不能接受，有的人则礼貌地表示可以考虑。有个男生很典型，当调查者在问到他这个问题时，他微微撇撇嘴，说不介意，并露出微笑的表情。很多人都被他脸上的笑容骗了，觉得这是个有内涵的男生，而不是"外貌协会"成员。事实上，他撇嘴的动作，表现的就是一种不屑和鄙夷，代表他很看不起胖子，又怎么可能找一个胖姑娘当女朋友呢？

莫斯科也曾有这样一个小故事：

在当地著名的古姆百货商场中有一个专营外贸服装的柜台，因为平时生意红火，老板决定招聘一名临时促销员来分担销售任务。经过面试和考虑后，老板让一名20几岁的女孩到柜台上班。女孩不仅长相甜美，还能说会道，第一天上班就做出了不错的业绩。

但到了第二天，女孩却意外的只卖出了一件小夹克。老板觉得奇怪，就开始留意女孩的表现。他发现，女孩总是在不停地的撇嘴，而每当她撇嘴的动作被顾客看到后，顾客就会在店里随意看一圈，然后空着两手出去。

老板就问这个女孩："你为什么要做出一副对客人不屑一顾的表情？"女孩儿大惊，连问老板，"您为什么会这么说呢，我并没有对谁不屑一顾啊。"经老板解释，女孩儿才明白过来，原来正是她撇嘴的动作，让顾客觉得自己被轻视了，所以都愤然离开了。

　　当然，有时候一个人撇嘴也可能是单纯的意外事故。比如有一次，一位男生吃火锅太心急，被烫了嘴，起了泡儿。使得他一连好几天在说话的时候，都会忍不住撇嘴。为此，女友生气地制止他。他委屈地向女友辩解，女友哭笑不得，明白是自己误会了他。

　　从这里来看，可见并不是所有的撇嘴动作，都代表了一个人的情绪，也有可能只是身体不舒服罢了。不过，这也告诉我们：在实际的人际交往中，我们一定要注意那些不良的习惯，尽量规避，以免给他人造成误解，给自己带来障碍。如果是因为身体受损而使自己需要做动作上的调整时，也最好直接告诉别人自己的身体状况欠佳。

第四章

面子心理：伤什么都不能伤人面子

1. 高帽效应——送对方"一顶高帽"，为"面子"会帮你

从人的普遍心理来分析，这世界上绝大多数的人都喜欢听好话，受表扬或被称赞。在儿童教育中，老师常常会对孩子予以热烈的、高度的期盼，比如"宝贝儿你最厉害了"、"你是最棒的"等等。这样做的目的，在于给孩子带"高帽子"，孩子受到这种刺激后，就会自发地鞭策、激励自己朝这个目标奋斗，努力使自己成为"最棒的"那一个。

在我们成年人的世界，这种心理效应其实也是适用的。尤其是在销售领域，人们将这种心理称之为"高帽效应"。简单来说就是，在求人办事的时候，如果能给对方先戴一顶"高帽子"，满足对方的优越感，那么对方往往会出于"面子"，帮我们一把。

古代有一个在京城做官的人，由于表现不错，皇帝有意让他多历练历练，于是派他到外地去当官。临走之前，他去向自己的老师告别。

老师语重心长地说："在外地当官，你可要万分谨慎，那些地方可不像天子脚下这么太平，一个不注意，你可能就回不来了。记住了，千万要小心又小心才是。"

这人说:"老师您放心,我准备了一百顶高帽子,逢人就送他一顶,这样就不会和人产生矛盾了,没问题的。"

老师一听,眉毛一挑,瞪眼道:"胡说八道,我等读书人,学的是先贤圣道,讲究直率带人,岂可做这种有辱文风之事。给人戴高帽子这种话,以后不要再说了。"

这人很委屈,连忙说道:"老师说的是,弟子受教了。只是,这天底下像老师您这样胸怀坦荡,又不喜欢戴高帽子的人并不多啊,对待他们,恐怕不能太直率了。"

老师一听,微微点头道:"你的担心却也不无道理。"

离开老师家后,这人回到家中,对妻子说:"唉,我的一百顶高帽子,现在已经只剩下九十九顶了。看来,世人都爱高帽子,连我的老师也不例外啊。"

生活中我们常常看到这种现象,当一个人被夸奖或恭维时,往往会非常开心,导致立场也随之变得不坚定,甚至被人改变立场。比如在购物的时候,服务人员多半会说"看您这气派,也不差这点儿钱不是嘛,就让小妹我吃口稀饭呗"。然后,我们中的很多人都会麻溜地不讲价。聪明的父母想让孩子办件事儿,通常会先说一句"我们这孩子,平时可乖了。"

马克·吐温在小说《羊皮手套》中就写了这样一段:主人公跟船上的"权贵"们一起去小百货商店买羊皮手套,结果店里的漂亮店员给他拿了一双他并不喜欢的手套,还不断夸赞说"像您这样的戴蓝色手套更好看","哟!我看您是戴惯了羊皮手套!不像有些人戴这手套总是笨手笨脚的"、"您的手真细巧"。总之,店员给主人公戴了不少高帽子。

有趣的是，主人公最后在试戴手套时，把手套撑爆了，店员说"不必付钱"，但他还是主动付钱了。因为他觉得，对方这么"看得起"自己，自己不能不识抬举。殊不知，整件事的责任，其实更多地在店员身上，明明知道尺寸不合适，却还是骗主人公，说这是最适合他的手套。结果最后质量出了问题，主人公反而觉得自己有错，主动付了钱。

在我们身边，像"主人公"这样的人不在少数，他们经不起别人刻意的夸赞，一顶高帽子下来，甚至于连自己"姓甚名谁"都忘了，沉浸在对方编织的美好之中。最后往往是轻易被对方说动，动摇自己的立场，被对方牵着鼻子走而不自知。

由此可见，绝大多数人还是喜欢被人奉承、喜欢顺耳的话。有时候，我们明知对方讲的是奉承话，但心中还是免不了会沾沾自喜。从这一点来说，喜欢被人戴"高帽子"，可以当成我们人类的一种弱点。但是，在人际交往中，我们却可以抓住这一心理弱点，学会利用"高帽效应"，适时地送一些"高帽子"，为我们带来良好的人脉关系。

这种"戴高帽"的做法，与"阿谀奉承"有很大不同。就像吗啡一样，有人因它而染上毒瘾，甚至丧命，但医生却可以用它来缓解病人的痛苦。为人处世，通过给人戴"高帽"来解决彼此纷争，拉近彼此距离，消除隔阂，正是"医生处理吗啡"的手段。而在职场中，很多时候，给顾客"戴高帽"更是一种营销利器，有助于我们推广公司产品。

销售员李再安，就是这样说动一位客户向他买房的。他先是亲自拜访客户，然后送了对方一顶高帽子，"先生，看得出来，您家里的布局非常有品位，论到对房子的了解，我是万万比不上您的。不知道可否给我传授一些经验，您看，这是我中意的一些房子……"客户被他激起了自豪感，于是开始滔滔不绝地向他谈起自己对房地产的一些看法。

最后，李再安几乎没怎么费力，客户自己就在他带去的一堆方案中，"发现"了中意的房子，并且顺利成交了。

虽然《孟子·公孙丑上》上说："人告之以有过，则喜"。认为人在被告知自己的缺点时，就会高兴，庆幸自己能得到提升。但在我们的日常生活中，像圣人孟子那样拥有雅量的人毕竟是凤毛麟角。更多的人还是喜欢"高帽子"。因此，为人处世，我们不妨多多运用这一招。

2. 伤疤效应——当着瘸子不说短话，当着秃子不谈头发

在心理学上，也有这样一种"伤疤效应"：当一个人心灵上的伤疤被人残酷揭开时，其产生的痛感，往往会让这个人难以忍受，进而暴怒甚至做出一些疯狂的事。比如，从小就有生理缺陷的人，一旦有人以此来嘲笑他，势必会引起他的激烈反击；又比如，一个个子矮小的人，被别人拿他的身高开玩笑，他也会感到很痛苦，进而做出报复行为。

这就是人们常说的"矮子面前莫说短话，当着秃子不谈头发"。别人有生理上的缺陷，或者家庭的不幸，又或者是事业上的遗憾、情感上的创伤，本来心里已经够痛苦的了，如果我

们还去揭穿这层伤疤，就会让对方再度陷入痛苦中，连带着也会记恨上我们。

古代有一位君主，在发家之前，过得非常落魄，处处需要看他人脸色。有一次，在与一位大人物见面的时候，被对方手下一名将军嘲笑"嘴上没毛，没有大丈夫气概。"原来，这名君主在面相上有一大缺陷，那就是胡须稀少。这在那个时代，是被轻视的一种面相。当时人们普遍认为，男人只有留长胡子才有气概，才是成熟，能成大事的表现。

可想而知，没有一把"美髯"，是这名心怀天下的君主最大的痛。但迫于双方地位的悬殊，这名君主忍了，讪讪地赔笑。但很快，不到一年，双方的情势逆转，这名君主有了自己的地盘，还建国了。就找了个借口，将曾经取笑他的那名将军给砍头了。

这名君主正是三国时期的刘备，而那名因为揭他人短处而被杀害的人，正是前益州牧刘璋手下的大将张裕。

在《韩非子·说难》篇中，有一段对龙的描述：龙生性柔顺，喜与人亲近，甚至可以将其当做坐骑。然，龙颚下长有一尺余长的逆鳞，一旦有人触及，必勃然大怒，伤人性命。其实，何止龙有逆鳞，人也有。人的"逆鳞"，就是我们的"伤疤"和短处。

生活中，我们或多或少都有过受伤的经历，比如一不小心切菜切到手指，走路时不经意间刮伤了大腿。我们会发现，受过伤、流过血的地方，伤口在愈合的过程中，会结出一层血痂，也就是我们常说的"伤疤"。当伤疤被二度揭开的时候，它所带来的疼痛感，甚至超过我们受伤时所产生的疼痛。因此，揭伤疤是一种令人非常抗拒的行为。

揭别人伤疤这种行为，是最伤人、也最低级的打趣方式。刻意揭人伤疤，使对方重新体验痛苦，在对方看来，这就是一种精神上恶意的攻击。为了自保，对方也会采取同样的方式报复我们。如此一来，哪怕彼此曾是最要好的朋友，也会很快疏远。

也许有的人可能会说："他明明就是这个样子的，为什么不让别人说呢？虚伪。"诚然，我们可能说的是事实，对方的确存在某些缺点或不好的经历。可换位思考一下，如果是别人这样开诚布公地说我们自己的伤心事，在我们伤口上撒盐，我们又会怎么想呢？

面子是相互给的，尊重是彼此的。我们不喜欢别人揭自己的伤疤，那么同样的道理，我们也应该管好自己的嘴，不要去揭别人的伤疤。因此，在我们与人交往的过程中，一定要注意，不要当面揭别人的伤疤，也不要故意拿对方的"短处"开玩笑。

不过，在实际生活中，很多时候，我们难免会遇到一些超出控制的情况。比如在一次聚会上，本意是想通过拉家常活跃气氛，可由于心直口快，加上不了解对方的忌讳，以至于不小心揭到了别人的伤疤，伤害到对方。面对这种情况，我们又该怎么办呢？

第一，一定要谨言慎行，在我们开口之前就要尽量避开禁忌话题。比如，在同事、朋友之间的聚会上，我们最好不要聊感情史这一类的话题。毕竟，到了这个岁数的人，谁没有几段失败的情感经历，以这个作为谈资，最容易触碰到别人的伤感处。

第二，不拿身体上的生理缺陷说事儿。很多人言行无忌，说话不经过大脑，有时候在公众场合下就满嘴跑火车，比如什么"我真不明白，一个女的长成那样，还是女人么"；又比如"男人就要高，还不到一米七，这不是男人，是残废"……像这一类的话。在我们生活中经常有人提起，可能他们说的时候并没有刻意针对谁。但事实上，这些话太具杀伤力，以至于他们周围总有一两个人"无辜躺枪"，然后从此就不愿再和这种人相处。

现代社会，生活压力巨大，每个人或多或少都对自己有些不满。女孩嫌自己太胖；男孩嫌自己太矮；大叔嫌自己头发稀疏；阿姨嫌自己皮肤变差了……但凡是针对"身体"的一些不好的言论，即使我们心中没有恶意，但一旦说出口，也会让旁人难受，他们会不自觉地把自己"对号入座"。因此，为了避免这种尴尬，我们最好不要说这些东西。

想必没有人愿意一见面就被人提起自己不愉快的事吧，拿别人的痛处开玩笑无疑是最不成熟的做法，甚至可以说这已经不是玩笑，而是取笑。任何时候，都不要仗着熟悉对方就随意揭人伤疤。也许你只是想要一个感性的答案，但这会让别人痛苦很久。与人交往，"尊重"为先，不揭别人的短处和伤疤，不让对方难堪，这才是智慧的为人处世之道。

3. 反弹琵琶效应——指出对方的失误时，要给对方留面子

在敦煌壁画上有一副别致的图，图中描绘的是一名操琴者。与众不同的是，这名操琴者不是正弹琵琶，而是反弹琵琶。这一形象令人叹为观止，其效果远胜那些正弹琵琶的图。后来，有心理学家把该图的意义引入心理学研究中，提出了"反弹琵琶效应"。

所谓"反弹琵琶效应"，是批评心理学中的内容，指的是人们把原本要批评的过错，不给予直接批评，而是充分肯定或表扬其长处，使犯错者自我反省，进而认识过错，改正过错的现象。从实际例子来看，采用这种方式更能让犯错对象意识到自己的错误，同时又能保全他们的面子，使他们自发地进行心理调整，乃至自我反省，进而痛改前非。

某中学有一位不听话的学生，名叫薛春华，平日里学习不努力，还经常翻墙逃学，跑去上网打游戏。虽经多次教育，但始终不知悔改。有一天，他翻墙进校时被学校老师发现，送到班里后，同学们议论纷纷。班主任了解到：原来是这名学生眼见快要迟到了，害怕被门口统计处抓住，影响班级荣誉，又怕耽误重要的课程，于是就想到翻墙进校。

想到这里，班主任就对全班同学说："很不错，过去薛春华同学翻墙，是向外翻，是逃课去玩；但今天翻墙，他是向里翻，是为了学习，这中间有很大的进步。继续这样下去，我几乎可

以预见，他会变成一个好学生。你们大家要努力了，小心被他追上。"

听到班主任的话，薛春华当时就愣在了那里，激动得泪流满面。他赶紧承认自己翻墙上学的错误，并下定决心改正。事实表明，他后来果真进步巨大，考上一所名校。

其实，从这个故事来看，薛春华同学迟到，按照校纪校规对他进行批评是正常的，也是合理的。但班主任却偏偏没有那么做，只是从迟到这一错误的行为中，抓住一个细小的翻墙变化，揭示薛春华不想迟到和为了班级荣誉的一颗火热之心，并肯定其行为动机是好的。这种一反常态的"反弹琵琶式"的批评艺术，让薛春华感到了前所未有的尊重。

可见，比起正常的教育手段，批评模式，这种略显迂回的批评方式，无疑是更能打动人心的。为什么会产生这样的现象？从心理学的角度分析，人都存在一种追求对世界认识的一致性。比如，多数人都认为犯了错就该受惩罚，有功就该表扬。如果这种认识前后不一致、不连贯，人的心理就会产生不和谐、不舒适感，也就是心理失衡或心理失调。

反弹琵琶效应带来的后果恰恰就是后者，他会让人产生认识上的矛盾关系，比如"犯错误反而受到表扬了"。因为不符合心理认知，为了克服这种心理失衡，犯错者就必然会作出心理调整。一是改变外来信息，即认为表扬者是虚假的；一是改变自己，认为自己的过错是主要的，应该受到批评，从而产生自责心理，萌生改过自新的想法，使自己的行为与表扬者的表场内容相一致，从而恢复心理平衡。反弹琵琶式的批评就产生了第二种改变的效果。

除此之外，"反弹琵琶效应"的成功，还在于第二点：对犯错者面子的保全。一般情况下，犯错者都会受到或是来自上级，或是来自父母长辈，乃至恋人朋友的严厉批评。这种严厉批评让犯错者处于自卑、挫折、戒心、恐惧和对立等消极情绪体验之中。一旦犯错者觉得自己无法忍受这些负面情绪时，他们往往会歇斯底里地破罐子破摔，或直接出言顶撞。

大多数时候，犯错者情绪被点爆的诱因，都是觉得自己的面子受损了，或是面子上过不去，进而引起情绪爆发。正如那句"江湖顺口溜"说的那样，在我们中国人固有的思维里，"饭可以不吃，但面子不能不给"。保全自己的面子，几乎是我们所有人在人际交往中最看重的东西。因此，当我们在指出别人的失误时，更要注意这一点。

有的人没能意识到这一点，抓住别人的一点错误或失误就横加指责，完全不顾及对方的面子，得理不饶人，一个劲儿地指责对方，说教对方。结果，这样做的后果往往是"说教不成，反而引发更剧烈的冲突"。既不能让对方意识到自己的错误，也无助于对方改过自新，达到我们的预期。可以说，这种蛮横的"批评"是毫无意义的。

一位心理学家说："牺牲别人去做一件有利自己的事，本不妥当，硬把这件事当作对别人的慷慨施与，就是自欺欺人的行为。而且，到头来必定是失败的。"因此，当我们发现别人做错了事的时候，千万不要表现得太强势。人人都有逆反心理，太强势，只会让对方更加愤慨，如果对方是个不讲理的人，那么彼此间势必会让形势更加恶化。

聪明人往往采取迂回战术，委婉地指出对方的错误，让对方意识到自己的错误并主动去改正。这样一来，既达到了我们的目的，点出对方的错误，又让对方保全了面子和声誉，不至于在旁人面前丢脸，这是真正的"你好，我好，大家都好"的结果。运用"反弹琵琶"式的批评，常常是比较不错的选择，可以让我们很好地打动那些犯错的人。

4. 南风效应——提建议时，先别否定对方原来的想法

法国作家拉封丹曾写过一则寓言：

北风和南风一起比威力，看谁能把行人身上的大衣脱掉。北风首先来了个冷风凛凛、冰寒刺骨，结果行人为了抵御北风的侵袭，反而把大衣过得紧紧的。

南风见状，便采取了截然不同的方式，徐徐吹动，带来风和日丽，气温回暖。行人一看天气转暖，就开始解开纽扣，继而脱掉大衣。答案很明显，南风赢了。

这则寓言所启示的道理，被引入心理学中，便称之为"南风效应"。寓意为：在处理人与人之间关系时，要特别注意讲究方法。北风和南风都要使行人脱掉大衣，但由于同一目标，处理方法不一样，结果大相径庭。北风以为，只要自己加大风力，就能吹掉行人身上的衣服，这是从正面进攻的思考模式。殊不知，风力越大，行人越感到寒冷。行人之所以穿大衣，就

是因为害怕寒冷，想要得到温暖。

南风给予了行人想要的，然后逐渐加大力度，待行人期待的温暖足够了，他们自然主动解开纽扣，脱下大衣了。

从这里我们不难发现一个道理：想要对方按照我们的意愿去行事，贸然从正面去指使对方，很可能适得其反，使对方对我们产生警惕之心，从而与我们的意愿相悖。但是，如果我们能够先顺着对方的意思，再徐徐图之，对方就可能出于对我们的"信任"听从于我们。

在生活中，这条"南风效应"非常适用于我们给人提建议的情况。我们很多人在反驳他人的观点，或尝试给对方提建议时，很容易陷入一个误区，即像"北风"那样行事。一开始把双方的分歧凸显出来，此举的后果便是，彼此忽视了那些可以达成共识的成分，因而导致争论升级，谁也说服不了谁。世上最难的事，就是把思想装进别人的脑子里。

但是，如果我们能像"南风"那样，"先同后异"，那结果可能就不一样了。简单来说，就是在反驳别人观点的时候，可以先不直接否定别人的观点，而是顺着对方的思路，在对的地方予以肯定，然后委婉地提出不同的看法，或者说建议，避免对方愤怒。

在一次公司会议上，大家正在商讨一个计划方案，副总监刘文强第一个说出了自己的想法。接下来，气氛就变得很微妙了，有的人欲言又止，有的人一味附和。

郭亮觉得，副总监的计划不太理想，但看到大家都不露"真功夫"，他担心自己若是说了真话，有可能会被穿小鞋。可若是不说吧，搞不好会对公司造成损失。

想了好久，他想出一个巧妙的办法。只听他说道："我觉得总监的方案很了不起，既有创意，又具有可行性。刚才我仔细思考了一下，发现我自己的方案，只能起到查漏补缺的作用了。诸位请看，我的想法是这样的，如果……"

随着他的一番"查漏补缺"，副总监也看到了自己方案中的一些谬误。但郭亮的做法并不让他反感，反而替他保全了面子。所以他最后欣然接受，并大大赞赏了郭亮的细心，以及他考虑问题的全面性。

心理学家证实：与人交流，先肯定对方，会让对方忘掉争执，在心理上愿意听不同的意见表达，从而认识到自己的不足，最终纠正偏见，达成共识。从科学的角度来讲，这一点也是合乎人的心理规律的。当一个人说"不"的时候，他全身的神经、肌肉系统会处于紧张状态，进而采取抵制态度来防卫外力干扰。当一个人说"是"、"对"的时候，却多处于松弛状态，此时对他进行引导，他往往能以相对开放的胸怀来接受新的意见。

先给予整体性的肯定，消除对方的防御心理和戒备心理。这样一来，对方才会有和我们交流的意愿。否则，若对方从一开始就对我们竖起心墙，那么我们的任何言辞，都是没有意义的，对方根本没心思听。万事开头难，我们必须以"肯定"为开路先锋。

换言之，我们在表示不同意见时，先退一步，表示自己在某些方面与对方观点相同，也很仔细地考虑过他的意见，然后再说明自己的建议。如此一来，将使对方更容易接受我们的观点。比如我们可以说："我考虑过你的提议，这个建议很好，不过有些问题可能还需要再商量"；或者"我十分同意你的意见，只是我有一些建议，你不妨听听看"。

因此，当我们需要给别人提意见时，一定要尽量做到先肯定对方的一部分可取的观点和想法，这有助于使对方放下对我们的抗拒心。那么，具体该怎么做呢？

第一，在提出反对意见前，你不妨告诉对方，有一些人也和他有同样的观点。把批评性的话先以表扬的形式讲出来，这样可以帮助你在和谐气氛中否定对方的意见。

第二，重复对方的意见，以提醒对方再次考虑他的意见。在发表不同意见的过程中，许多人说话时往往粗心大意，所说的话可能不够完善，这时你不妨用询问的口气、适宜的语调重述对方的意见，表示希望得到再次的证实，使对方能重新思考，加以改正。

第三，回避焦点，缓解正面的纷争。比如，我们可以表示"我是很认可你的意见啦，但是有些人貌似不太赞同，他们的观点是……"巧借第三方的口吻来提建议。

说来说去，人都有普遍的"自我心理"，不太愿意听到别人的反驳意见，哪怕对方的意见是正确的。因此，想要让别人听进去我们的建议，适当运用"南风"，先认可对方，让对方对我们敞开心扉，乐意与我们交谈，进而听从我们的建议。

5. 相悦定律——警惕被别人的"甜言蜜语"所迷惑

心理学上有一种"相悦定律"：人与人在感情上的融洽和相互喜欢，可以强化人际间的相互吸引。简单来说，就是喜欢引起喜欢，即情感的相悦性。

很多人把这种"相悦性"理解为：只要我喜欢一个人，那个人也会喜欢我。实际上，这是一种错误的理解。在本质上，该定律是告诉我们：在与人交往的过程中，我们绝大多数人更容易倾向于那个对我们表现出"喜欢"的人，哪怕知道对方只是做样子。

有一次，管仲不幸得了重病，齐桓公前来探视，对管仲说："你现在病重，就不要太过操劳了，如果有不放心的事，就请说出来，我一定遵从。"

管仲说："请主公打发了易牙、竖刁、常之巫、公子启方这几个人吧。"

齐桓公不解："为什么？易牙愿意把自己的孩子煮给我吃；竖刁为了留在我身边，甘愿当太监；常之巫有测生死祸福的能力；公子启方终年如一日地侍奉我，连他父亲病故都未曾离去。这些人都对我忠心耿耿，何须提防？"

管仲说："一个连自己骨肉都能忍心杀害的人，难道不会杀主公吗？一个愿残损自己身子的人难道不会残害您……请主公三思而后行。"

齐桓公听从了管仲的建议，将几人驱逐出去。后来，管仲病逝，齐桓公觉得没人陪他说话，就又想起了易牙几人，就又把他们找了回来。到了第二年，齐桓公卧病不起，易牙等人便开始为非作歹，造出"齐桓公不在人世"的谣言，将齐桓公软禁。

最后，齐桓公悲叹："管仲一言千金也。"

其实，从心理学的角度分析，齐桓公之所以被易牙这几个小人所迷惑，并不是因为他愚蠢，而是因为他受到了"相悦定律"的影响，被四人表现出来的"忠诚"所感动。这种"忠诚"，实际上就是易牙四人明面上对齐桓公的一种"喜欢"、"迎合"。与他们相处，让齐桓公产生了强烈的愉悦感，所以他明知这几人不善，也愿意和他们亲近。

生活中，我们多数人都喜欢听"甜言蜜语"，所以有了"忠言逆耳"的说法，这是人们普遍共有的一个心理弱点。但反过来说，该弱点也可以引出两条人际交往的铁则：第一，我们可以在交往过程中运用这一"弱点"，向对方抛出"蜜语攻势"，让对方感受到我们对他的"喜欢"，进而拉近彼此关系；第二，不要让对方觉得我们"不喜欢他"。

在我们日常交往中，最能引起对方反感，觉得我们"不喜欢他"的一种说话方式，莫过于将"你错了"、"你说的不对"这样的字眼挂在嘴上。也许他们本身并没有恶意，但结果却让人觉得厌烦，最后闹得不欢而散。更有甚者，交谈双方还会为此发生激烈争执，伤了感情。

从心理学的角度分析，当一个人被别人说"你错了"的时候，往往会产生强烈的抗拒情绪，想要立刻反驳对方。他们会想，"我哪里错了"、"你凭什么说我错了"、"我错了，你就是对的？"然后，在这种情绪指引下，他们会与批判方进行激烈辩论。

等到他们发现自己真的错了，或辩不过的时候，他们就会感到难堪，感到被羞辱。这个时候，即使知道说"你错了"的那个人说的是事实，他们也难以接受。冲动暴躁的人可能会选择动手，跟对方打一架，但大多数人都会选择沉默，不再和对方交流。

结合无数的实际例子来看，如果一个人在主观上不愿听我们说话，那我们的任何言语都是苍白无力的。所以说，不管对方是真的不对，还是我们以为的不对，想要对方愿意跟我们坐下来好好说话，就必须先营造"是"的氛围，让他有意愿听我们说话。

一个聪明的人，在指出对方的错误时，不会直接说出来，而是会先表现出对对方的"喜欢"，让对方从情感上接受我们，然后再徐徐图之。等到对方觉得我们对他好时，就已经开始在内心亲近我们，这个时候我们就算指出他的错误，他也能比较平静地接受了。但是，反过来说，如果我们从一开始就直接点出对方的错误，对他说"你错了"，就会让对方率先从情感上对我们产生厌恶、疏离的抵触情绪。这样一来，哪怕我们是真心为他好，也很难走进对方心里，更遑论让他听从我们的建议了。

历史上的很多忠臣，生活中很多不会说话的人，就是因为没有意识到这一点，轻易对别人说"你错了"，结果一片拳拳之心，完全不被对方理解接受。

由此可见，与其对别人说"不对"，从一开始就把对方推到自己的对立面，不如学会运用相悦定律，让双方建立起良好的氛围，然后共同探讨。彼此有了信任，有了交流意愿，接下来的话才有意义。当然，我们也不可操之过急，只有对方真正对我们放下戒心，我们的劝诫才有用。因此，与人交往时，不妨少说"你错了"，多点"我赞同你"。

6. 三个小金人——识破别点破，面子上好过

美国加州大学心理学教授古德曼，提出了一个观点：最有价值的人，不一定是最能说的人。老天给我们两只耳朵一个嘴巴，本来就是让我们多听少说的。善于倾听，才是成熟的人最基本的素质。当我们能够心领神会的时候，有时候，沉默胜过千言万语。

有这样一个故事：

曾经有个小国的特使带着三个一模一样的金人来中国，考验中国皇帝："陛下，请问这三个金人哪个最有价值。"

皇帝叫来很多官员和珠宝匠鉴别，发现三个金人一模一样，无法分辨。

最后，一位老臣站了出来，之间他抓起三根稻草，分别插入金人的耳朵里。第一个金人的稻草从另一只耳朵出来了，第

二个金人的稻草从嘴巴里出来了，只有第三个金人，稻草插进去后掉进了肚子了，什么响动也没有。老臣说：第三个金人最有价值。

使者默默无语，答案正确。

生活中，我们很多人喜欢有话就说，有话直说，忽略了"沉默"的力量。殊不知，很多时候，"沉默"比开口有价值得多。这种"沉默"，不仅仅是闭上嘴巴不说话，更多地是指对一些观点、一些现象，或者一些"所谓真相"保持不评论、不揭穿的态度。

也许有人会说，这不就是撒谎、欺骗吗？明明看到了事实真相，为何不说出来，为何要沉默？世人都讨厌自己被骗，所以我们很多人对谎言都保持零容忍的态度。

但是，并不是所有的谎言都是害人的，也不是所有"揭露真相"的行为都是高尚的。面对善意的谎言，保持沉默也许是更好的选择。有句话叫"人艰不拆"。意思是，大家都有各自的难处，内心清楚就行，何必一定拆穿呢，有时所谓的"真相"只会搞得大家都尴尬。

当面对别人的谎言时，只要不是大奸大恶，违背道德原则的事，那么，保持我们内心的清醒，选择一种对自己有利的方式来面对问题、解决问题不是很好吗？别人有权力给自己"化妆"，又何必让一切都暴露得不留余地呢？

有人说，关系亲密的人之间不该存在谎言。但生活是复杂现实的，没有想象中的那么简单，有时候，谎言比真相更能温暖人心，生活中某些地方也离不开"粉饰"。因此，在我们尚未弄清楚对方说谎的理由时，不要急着说破。也许对方只是不想让我们担心，也许只是准备给我们一个惊喜……总之，与其盲目说破，不如等弄清楚之后再做决定。

2017 年 5 月 23 日，距离高考仅剩半个月时间，秦晓双正在为高考进行最后冲刺，但不幸的是，她的父亲突发大面积脑出血，深度昏迷，命悬一线。

家人担心孩子知道父亲病情后，影响高考发挥，于是经过全家人的慎重商量，编织了一个又一个美丽的谎言，让女孩安心赴考。6 月 8 日下午，当秦晓双考完最后一门英语，一出考场，家人才告诉她真相，"赶紧去医院看看你爸，他快不行了。"

看着躺在病床上的父亲，全身插满管子，意识模糊，只靠一根氧气管维持呼吸，秦晓双哭了出来。"像做梦一样，不真实。"这是她对记者说的第一句话。

秦晓双说，她不会责怪家里的任何一个人，"即便会有遗憾，但我知道，他们为我承受了太多。现在我能顺利参加高考，还能再见到父亲，已经知足了。"

俗话说，看破不说破，还是好朋友。有时候面对谎言，在我们尚不知道真相之前，盲目戳穿也许并非好事。先不要着急下定论，也许戳穿的后果更残酷。又或者，这只是一个美丽的谎言。有道是"难得糊涂"，有时候，选择不说破，反而会让生活多点阳光。

此外，我们绝大多数人都或多或少爱面子，对于丢面子的事情非常敏感。因此，在一些无关得失的小事中，要懂得维护他人的面子，不要让他人下不了台。

没有谁愿意被人轻易看破自己的面具，也没有人喜欢在自己吹嘘的时候，被旁边的人"揭穿事实"，这会让他感到很难堪。正因如此，在实际生活中与人交往时，那些懂得适时"沉默"的人，往往比那些"名侦探"、"激光慧眼"更容易受到大家的欢迎。

人生难得糊涂，要做一个知趣的人。当然了，谎言在本质上还是对真相的掩盖，是负面的，很容易被有心人利用。因而当发现别人说谎的时候，我们一定要小心谨慎，仔细辨别他的谎言是属于哪一种，如果是一些不好的事情，是心存恶意，那我们就有义务、也有必要去阻止对方。如果对方依旧执迷不悟，那就应该毫不留情地揭穿他。

不过，总的来说，交际中我们要做那个"沉默的金人"，而不是口无遮拦的人。日常生活中没那么多"真相"需要揭穿，管好自己比什么都重要。别人善意的、无伤大雅的谎言和粉饰，我们只需看在眼里就好。以"揭穿"他人为乐，只会惹人厌。

7. 同体效应——平等状态下才能实现沟通

心理学上有一种"同体效应"，也叫"自己人效应"。通常指的是，学生把教师归于与自己同一类型的人，是知心朋友，这样往往能够缩短师生之间的心理距离。

将其延伸到我们的人际交往中，指的就是如果双方关系良好，一方就更容易接受另一方的某些观点、立场，甚至对对方提出的难为情的要求，也不太容易拒绝。

基于这一点，在很多大公司、大企业，在培训员工乃至管理层的时候，都会一再强调"平等交流"的重要性。要求公司领导与员工沟通时，要以平等的姿态；要求前辈精英在与后辈交流时，也要保持平等的姿态。只有这样，双方的交流才是顺畅的。

沃尔玛就是一家十分注重平等交流、致力于在管理中消除"位差效应"的公司。在公司内，沃尔玛实行门户开放政策，即任何时间、地点，任何员工都有机会发言，都可以用口头或书面的形式与管理人员乃至总裁沟通，提出建议，或投诉不公平待遇。

在沃尔玛公司，经常有一些各地的基层员工来到总部，要求见董事长沃尔顿先生，每次遇到这种情况，沃尔顿先生总是耐心地接待他们，并努力将他们的话听完。如果员工是正确的，他就会认真地解决相关问题，如果是不合理的，他会努力说服对方。

在实现平等交流方面，沃尔玛绝不只是做表面文章而已。在沃尔玛总部和各个商店的橱窗中，都悬挂着先进员工的照片，这些人无一例外都曾是提出建议的人。

如果去沃尔玛参观，就会发现一个有趣的现象：沃尔玛所有员工佩带的工牌上，除了名字之外，没有标明职务，包括最高总裁也是如此。大家见面直呼其名，很少喊"总裁"之类等级分明的话，这使得员工放下包袱，营造了一个上下平等的工作氛围。

得益于这种氛围，公司得以广开言路，沃尔顿先生也总能在第一时间听到最基层员工的意见。借此，公司管理层便可迅速了解最新的信息，从而及时作出调整。

结合我们生活中的实际案例来看，同体效应在职场的人际交往中，是普遍存在的，这可以使我们在最短的时间内取得同事的认同，从而更好地实现我们与同事的交往。我们常常说某人有亲和力、有感染力，实际上指的就是他很会运用同体效应。

管理学中有一种"位差效应"，指一个组织里，由于成员之间地位的不同，造成了某种心理障碍，致使双方在沟通中受到障碍影响，扭曲和阻碍了信息的传递。

沟通中如果出现"位差效应"，一方面，在某些环节上容易出现信息失真，从而影响团队政策的贯彻落实；另一方面，上下级之间容易出现感情脱轨，影响团队凝聚力。因此，要想打造一支高效互动的团队，管理者们应尽量跳出沟通中的"位差效应"。

一个团队想实现高速运转，有赖于下情能为上知，上意能精准迅速地下达，如此才能做到团队的同甘共苦、协同作战。要做到这些，有效的沟通是必须的。

这种"位差效应"所带来的沟通障碍，其实不只存在于团队管理中，而是存在于我们所有的人际交往中。比如，父子之间沟通，如果当父亲的总是居高临下，理所当然地认为孩子就应该听自己的，最后往往是"教育孩子好难，不听大人的话"；又比如，夫妻间相处、朋友间相处、陌生人之间的交流、乃至与客户之间的沟通，如果失去了平等，那么彼此间的交流就会困难重重。你比别人高了，对方不高兴；对方比你高了，你不高兴。

因此，没有平等的交流，就很难保证传递信息的准确性和彼此沟通的有效性。不管是生活中我们与人交往，还是职场中我们与同事，以及上下级相处，最好的方式都是"平等的交流"。那么，我们应该如何消除可能的地位差异，打造平等交流呢？

首先，放下我们"高人一等"的姿态。很多时候，之所以交流不畅，就是因为我们把自己的姿态摆得过高。跟人说话时，总是用"我跟你讲"、"你听我的没错"、"我告诉你"这一类带有命令、指导式的口吻。这种语气会让对方觉得我们在摆谱，觉得我们故意将他当做手下或低一等的人，进而产生不满心理。平等交流，就必须放下这种高姿态。

其次，要创造良好的沟通氛围。交流的环境，有时候也会影响人的情绪。比如，我们与人约在大会堂这种严肃的地方谈话，对方或多或少会觉得有些拘谨、紧张。此外，过于严肃的语气，也会让对方再三小心，不敢掏心窝子说话。因此，为了让沟通更畅快，我们有必要营造良好的沟通氛围，选一个轻松愉悦的环境，以诙谐的话题开始说起。

最后，始终牢记一点：将自己放到与对方平等的位置，不要觉得自己比对方高一个级别，也不要觉得矮人一辈，尽量以平等、不卑不亢的姿态进行友好的交流。

第五章

认知心理：认清自己，
才能开启自我成长之路

1. 苏东坡效应——最大的劣势是不能客观地认识自己

古代有个笑话，说一名官差押解一个犯罪的和尚去府城，住店的时候，和尚趁机将官差灌醉，然后剃光他的头发，逃之夭夭。官差醒来时，发现少了一个人，大惊失色，道："不好，和尚没了。"说罢，一拍脑门，继而惊喜道："还好，和尚还在。"但过了会儿，他又开始迷茫起来，那我又在哪里呢？这个笑话实际上体现了"苏东坡效应"。

所谓"苏东坡效应"，指的是人们对"自我"这个看似熟悉的东西，往往最难予以正确的认识。从某种意义上讲，认识"自我"，往往比认识客观存在的现实更加困难。社会心理学家将人们这种难以正确认识"自我"的心理现象称为之"苏东坡效应"。

关于"苏东坡效应"，有这样一个故事作了形象的诠释：

一个小男孩在父亲的陪伴下参观梵高故居，在看过那张小木床及裂了口的皮鞋后，父亲对儿子说："梵高是一位伟大的画家，也是一位连妻子都没娶上的穷人。"

第二年，小男孩在父亲的陪同下又去了丹麦，在安徒生的故居前，父亲说："安徒生是一位伟大的童话家，可他只是鞋匠的儿子，他曾经就生活在这栋阁楼里。"

二十年后，小男孩长大了，成了美国历史上第一位获得普利策奖的黑人记者。他在回忆自己童年的时候，说道："小时候家里很穷，父母都靠苦力为生，有很长一段时间，我一直认为像我们这样地位卑微的黑人，是不可能有什么出息的。好在我那当水手的父亲，让我认识了梵高和安徒生，这两个人告诉我，上帝从来没有看轻过任何人。"

这个男孩叫伊东·布拉格。

一个人最大的劣势就是不能客观认识自己，有的人过于高估自己，有的人则过分看低自己，不相信自己的实力。

之所以会这样，其实并不完全是这些人的主观问题，更深层次的原因是"知见障"的缘故。"知见障"是佛学上的一个概念，简单来说，就是一个人容易被既有的认知所迷惑，只能看到事物的表象，却看不到本质。"认识自我"也是如此，这就像把一个人放到庐山之中，即使他有心去寻找庐山的真面目，也会因为身处其中，而无法窥得庐山真容。

从这一点来说，伊东·布拉格的父亲是明智的，通过利用安徒生和梵高，让儿子能够看穿事物的表象，进而认清自己：原来，梵高和安徒生这么伟大，实际上也是穷鬼和鞋匠的儿子，但这并不影响他们成为被人仰慕的人。那么，身为黑人的自己是不是也有这样的机会和潜力呢？通过这层认识，伊东·布拉格不再看低自己，而是更加客观地认识自己，相信自己只要通过努力，也能成功。这一点，对于他的成长极为重要。

然而，生活中我们很多人却忽略了这一点，自认为很了解自己，殊不知，实际上他们已经陷入了"自我认知"的陷阱和误区中。通常，"自我认知"有三个误区。

第一种，不屑认知型：这类人往往对自己十分自信，其口头禅是"我自己什么样，我还不了解？"。其实，他们对自己往往一知半解。比如，自己的优点和特长是什么？缺点和不足是什么？有无远见、心态、思维、人际关系、创造能力等是什么样的？这些都不清楚。以至于在这种浑浑噩噩的状态中胡乱做事，盲目做事，最终只能以失败收场。

第二种，片面认知型：这一类型的人又可以细分为两种，一是过于自负，高估自己，低估他人；一是过于自卑，高估他人，看低自己。不管是哪一种，都容易让人走入误区，前者大多因为盲目自大而失败，后者多因妄自菲薄而错失良机，为人所瞧不起。

第三种，随意认知型：这类人认定"命运是天注定"，不展示自己的优势和特长，不发挥自己的主观能动性，喜欢顺其自然，随遇而安，不愿动脑子。

可见，无法认清自己，绝不仅仅是客观与否的问题，更多地关乎我们自身的成长与发展前景。尽早地认清自我，是早日发现自己优势、发挥自己作用的前提。

那么，如何认清自己？鲁迅先生曾说，人是怎样的美人，倘若用放大镜照她搽粉的臂膊，也会只看见皮肤的褶皱，及褶皱中的粉和泥的黑白画。因此，想要认清自我，需得讲究一定的方法，借助不同的视角才行。只从一个角度认识自己，犹如冰山一角，管中窥豹。潜入海底，可证龙宫之虚；登上月球，可探玉兔之无。具体而言，认清自我有以下几种方法：

首先，开放自我，积极与人交往，直接从别人的眼中、口中来认识自己，这是最直接有效的方法。唐太宗李世民说过，"以人为镜，可以明得失"。在与人交往的过程中，那些跟我们接触的人，就是那面镜子，可以通过他们知道我们是怎样的一个人。或开朗、或内敛、或自私、或大方、或聪明、或愚笨……当然，在采用这个方法时，我们需要注意：一定要找那些真正把我们当朋友的人。至于那些溜须拍马，或恶意贬低者，不在此列。

其次，细心观察，通过别人的态度来认识自己。这个方法总体上与第一种方法并无本质上的区别。关键在于，很多时候，可能对方不太愿意直接对我们说出他的感受。因此，我们只能通过他们对待我们的一些态度、言谈举止，来确定自己的客观形象。

最后，可以适当地与别人相比较，以此来认识自己。俗话说，是骡子是马，拉出来遛一遛就知道了。有时候，我们中的一些人总认为自己厉害，只是没表现出来。想得多了，就真的以为自己很厉害，但遇到事情又总是逃避，找各种借口掩饰。时间一长，就会养成逃避现实，自欺欺人的心理。因此，适当地与别人作比较，以他人作标杆来确定自己真实的能力，是非常有必要的。

客观地认清自己，知道自己的优与劣，是走好自己人生的第一步。只有先真正地了解自己，我们才能知道自己擅长做什么，可以去做什么。然后，在此基础之上去拼搏，奋斗，才有取得成功的可能。否则，我们就只能被时代所淘汰。

2. 攀比效应——越比越迷茫，做自己就好

攀比效应，简单来说就是相互比较，总想胜过别人的一种心理。用我们生活中购买手机的行为来解释：很多人在购买手

机的时候，往往并不只关注手机本身的质量，还会关注其品牌、生产地，以及在人群中的影响。像苹果这样受到全球热捧的"明星"手机，通常是人们的首选。购买者的心理是，大家都有，自己如果没有，就不时髦。

这就是攀比效应，一种赶时髦的心理。因为害怕低人一筹，所以别人拥有的东西，自己千方百计也要拥有。很多时候，这种心理甚至膨胀到超过了自己的能力。

张兰芳在几个月前参加了一次同学聚会，回来后像变了一个人似的，缠着老公商量买车的事。原来，那次同学聚会上她看到大家都有车，就受了些刺激。

可问题是，家里两个小孩上学，又有老人要赡养，夫妻两个又只是普通员工，生活开销已经很大，哪里还有闲钱买车摆阔。为此，张兰芳愁得头发都快白了，她甚至萌生出搏一把的心思，先借钱买车，然后自己跳槽去新公司，争取拿更高薪水还债。

见她状态有些不对，闺蜜怕她一失足成千古恨，就赶紧让她去看心理医生。医生在询问了情况之后，就问她："如果你没去参加那次同学聚会，你会想要跳槽吗？"

"没有。"

"如果你现在辞职，有把握找到薪水更高的工作吗？"

"没有。"

"如果你现在买了车，你觉得靠你们家现在的能力，能养活车和自己吗？"

"没有。"

"最后一个问题，你在公司干了十年，现在想跳槽，那你有做过详细的职业规划吗？清楚自己离开这家公司后，应该去干什么，出路在哪儿吗？"

"没有……"

最后，在医生的一连串追问下，张兰芳惊出一身冷汗，彻底清醒过来，这才发现，自己之前的想法根本就是脑子一热做出的决定，差点就害苦了自己一家人。

从心理学的角度分析，"攀比心"是人之常情，源于"虚荣"。从经济学的角度分析，"虚荣效应"有其一定的正面意义。比如，看到别人取得成功了，自己也想成功，就会逼迫自己向那些成功人士看齐，以他们的标准来要求自己。这种情况下，很多时候能够助推我们自身的成长，即使最终达不到我们想要的目标，但至少能够使我们得到一定程度的提升。

尤其是在职场中，因为竞争激烈，许多人同时在一个地方工作，总免不了比一下。既能通过这种形式塑造团队中的工作氛围，也能透过别人反思自身，客观衡量自己的能为，从中找出改进的地方。因此，从这个方面来说，"攀比"是有一定积极意义的。

但是，"攀比"更多的是一种消极效应，它就像是一朵"罂粟花"。虽然可以给人带来美好的幻听、幻视，甚至给人暂时止痛，但长期来看，其"侵蚀人心志"的力量，会让人逐渐沉迷其中，无法自拔。也就是说，人一旦有了攀比心，就很容易深陷其中，从一开始的积极正面的攀比，衍生为不顾一切、不择手段的赌徒式的攀比，最终功亏一篑。

职场中，这种因"攀比"而失控的现象比比皆是。比如，两位同时进入公司的新人，一个善于钻营、投机取巧，尽管他的工作能力不如另一个高，可他还是先晋升高级职称。在这样的情况下，另一个人就会想：他凭什么比我混得好，我凭什么混得差。在这种不平衡的心态下，另一个人极有可能消极怠工，或采取极端手段，最后害了自己。

攀比的劣势就在于此，他会让人过于注重结果，而忽视了在造成结果的过程中，具体细节上的一些事情。比如，有的人靠父辈余荫，能够很快得到资本开创自己的事业；而有的人只能完全靠自己打拼。如果不能认清这一事实，盲目攀比，后者就会遭遇困惑：为什么大家都是年轻人，他这么厉害，又开公司又开宝马，我却还在加班？我是不是在能力上比不上他，是不是已经废了，这辈子再也不可能有所作为了？

因为过于虚荣，进而盲目攀比，忽略一些客观事实的存在，只会让我们越"比"越迷茫无助。你根本不知道有多少人比你更优秀，也不知道对方比你优秀的背后，是建立在各种优势之上的。你不知道，所以你只能遭遇挫败，感到愤懑，最后绝望无助，失去前进动力，自我否定……站在这个角度，我们可以看见：做人，与自己进行攀比就好。

3. 巴纳姆效应——客观正确地看待自己

巴纳姆效应，又称福勒效应，星相效应，是 1948 年由心理学家伯特伦·福勒通过试验证明的一种心理学现象。

简单来说，该效应指的是，人们常常认为一种笼统的、一般性的人格描述，十分准确地揭示了自己的特点。正如著名杂技师肖曼·巴纳姆在评价自己的表演时说的那样，他之所以受到大家的欢迎，是因为节目中包含了每个人都喜欢的成分，所以他能够做到"每一分钟内都有人上当受骗"。

有这样一个故事，说明朝末年，一次科举中，三个秀才结伴进京赶考。走到半路，他们遇到一个算命先生。这算命先生看上去很有些气势，三人心中一动，就走上前去，让算算他们三人中谁能金榜题名。算命先生神机莫测地瞥了他们一眼，开始算了起来。

半晌之后，先生停下动作，悠悠地伸出一根手指，也不说话。三人有些发懵啊，这是什么意思，于是仔细询问缘由。但算命先生就是不肯明说，只一句"天机不可泄露"。三人无可奈何，只得离开了。考试完了以后，金榜题名，得上金科的魁首，正是那三名秀才中的一位，于是秀才们说，"那位先生很厉害，算得太准了，当真天机不可泄露。"

实际上，这位算命先生的确很厉害。一根手指暗藏玄机，既可以表示"一起中了"，又可表示"一起不中"，抑或"只有一个不中"、"只中一个"，三个秀才会出现的四种情况，他都说尽了。因此，无论三个秀才最后的考试结果怎样，算命先生都会算对。

巴纳姆效应，是福勒以他的名字为试验结果命名。在试验中，福勒招来了许多试验者，让他们接受问卷考核，然后由专业的评级人士对他们做出最正确的客观评价。

但是，在将评价报告给他们时，评级人士却准备了两份报告：一份是符合事实的准确评价，一份是笼统的、泛泛而谈的、虚构假造的评价。

结果，当试验者们被问到，他们相信哪一份评估报告最能够切合自身时，有超过一半的学生，都选择了那份假的评估报告，而无视那份相对更真实的报告。可见，所谓"巴纳姆效应"，其实说的是人们普遍存在"美化"自己的心理，将自己想成理想状态。

其实这与那些算命先生惯用的手法大多一致，看到你眉间隐约有喜色，算命先生就模棱两可地说，"尊驾近日必有喜事临门"，但到底是什么喜事？成家立业还是五子登科，又或者他乡遇故知，长安骑花马？他不明说，但我们会自己联想，会自发地对号入座。如果看到我们有些不高兴，他们就会说，"施主，你似有心结，近日恐有凶兆，不吉利啊。"然后，我们可能就会去联想，"哎呀，好像是这样，前次出门忘带公交卡，昨日与闺蜜吵架。"

如果以客观的目光来看待那些事，"与朋友闹别扭"、"出门忘带东西"、"损失几块钱"这一类的事，算得上"不吉利"、"凶兆"吗？恐怕，很大程度上并不算是，只能说是我们日常生活中的一些小插曲。但算命先生就是用这样一种"笼统"、"含糊"的说辞，让我们进行自发联想，然后主动去进行对号入座，最后得出结论：这些算命先生真是厉害。

不止是算命，生活中很多领域，我们都有类似的表现，比如性格分析、情感分析、是非成败的分析等等。这体现了我们绝大多数人的一个共性：相较于过于具体的事实，我们更倾向于信任那些笼统的、泛泛而谈的、听上去比较美好的"虚构事实"。换句话说，我们总是不自觉地将自己的形象理想化，过高地预估了自己，却拒绝认清真实的自己。

不能很好地克服这种效应，我们就会认不清自己，对自己的定位始终处于一个模糊的且偏向"美好"的状态。比如，一个人对自己作评价，其措辞往往是：我虽然有些懒散，但总体上来说还是有上进心的；我虽然比较贪玩，但有时候还是会认真做事的。

像这样的"自我认知"，看似中肯，从多角度辩证地看待自己，但由于太过笼统，实际上还是偏向理想化。贪玩到什么程度，认真做事又能认真到什么程度？有上进心是表现在哪些方面，懒散到了什么地步……不去深挖细节，对自己做一个详细而准确的认知，这样的笼统概念，只会让我们停留在"嗯，我觉得自己还是不错的"假象之中。

想要真正突破自己，提升自己，我们首先要认清自己。而想要认清自己，就需要克服这种"巴纳姆效应"。那么，如何避免巴纳姆效应呢？

第一，要学会面对自己。有的人犯了错，出了丑，会本能地捂住脸，转身逃跑。这就是不敢面对自己的一种表现，是把自己"缺陷"掩饰起来的一种反应。所以，要认识自己，首先要面对自己。出丑也好，犯错也好，勇于面对，及时改正，就是好的。

第二，对信息保持敏锐的判断力，并广泛收集信息。对信息的敏感，能够体现出我们对事物变化的认知，对信息迅速做出合理判断，体现了我们的决策能力和分析能力。通过运用和提升这两种能力，能够使我们敏锐地把握环境的变化，然后客观地去认识自己。

第三，通过与身边的人做比较来认识自己。当然，选择对象时，不要选得太高，也不要太低，与自己相近就行。过高容易刺激到自己，过低又缺乏客观性，公正性。

最后，还可以通过重大事件的成功和失败来认识自己。从中吸取经验教训，了解自己的个性能力，发现自己的长处和不足。毕竟，成败最能反应一个人的真实性格。

4. 彼得原理——找到适合自己的位置

彼得原理，是美国学者劳伦斯·彼得在对组织中人员晋升的现象做了研究后，提出的一种有趣的心理现象：由于向往更高的职位，组织的所有成员总是在为晋升而努力，努力地想爬到更高的职位上，并以此为荣，乃至以此作为自己能力的一种证明。然而，这样做所带来的后果就是，时常有人因为不适合那个位置而坐了上去，结果无所作为。

生活中，这样的现象无处不在。比如，办公室新晋升的经理，虽然跑业务是一等一的好手，但在团队管理上却是没什么长处；又比如，有的教授对培育英才、教授专业课程那是相当拿手，但在学校的管理上就显得无能为力，却一心想要成为校长。对团队而言，这会给团队带来难以估量的损失，而对其个人而言，也会埋没他真正的能力。

董亮是一名精英级的房产销售，对公司的房屋产品相当熟悉，对我国的房地产行业也有着独到的见解。通常，他维护一名客户只需要两三个月，就能促成一张单子。鉴于他业务能力突出，公司就决定将他提拔为经理，董亮本人也非常开心。

然而，他这个经理没做到半年，就自行申请降职了。原来，他对经理这个职位的那种工作模式感到十分不适应。他本人是个爱笑，嘻嘻哈哈打闹的人，没办法严肃起来。若是当普通员工还行，可以很好地处理与同事、上司之间的关系。但一旦成为经理，他这种性格很难给下属带来震慑，导致他的员工根本不怕他，跟他打打闹闹，工作不好安排。

同时，他也很不喜欢这种"高高在上"，所有员工都离他三尺的感觉；也不喜欢替大家定目标、做决定，带领大家一起前进，在他看来，这是很麻烦的事。总之，做了六个月不到的经理，不但毫无业绩，属下开始质疑他，就连他自己也过得很不开心。

最终，在心理医生的指点下，他想明白了其中的关键，他觉得自己就不适合当经理，硬坐在这个位置上，既是耽误下属和公司的前途，也是在浪费自己的生命。

生活中，尤其是在职场上，我们很多人常常搞不清自己的定位。本来是文艺型选手，却偏偏渴望拿斧头去搏杀，并以此为奋斗目标；本该是手拿文房四宝，写出优秀文章的人，却偏偏要端起酒杯跑业务，比谁能喝，谁能聊天……结果，大部分人弄到最后什么也没能得到。少数人即使暂时达成目标，坐上心中预期的位置，最后也并不开心。

所谓"地有形，天无际"。每个人都是不同的，都有自己的特点，以及擅长的和不擅长的，我们万万不可一概而论。如果仅仅只是为了追求"向上爬"，而忽略了上面那个位置是否适合我们，那么这样的奋斗就是无意义的，收获的也只是无尽的烦恼。

时下流行一款游戏叫"王者荣耀"。该游戏采取"多人组队，两队之间进行混战"的团队战斗模拟竞赛。每支队伍有五个人，每人各选一个英雄进行战斗。通常，有的人擅长用狙击手系列的英雄，有的人擅长打战士，有的人惯用法师。这时候，如果让一个往常都打战士的人去用法师，让一个法师去用杀手。那么，结果很可能是输掉整场比赛。

所以，经常玩这个游戏的人大多都会说一句，"新人，请务必用你拿手的英雄"。因为只有"拿手"，你才不会出现失误性操作，才能发挥出最大的实力，才会配合其他战友赢得最终的胜利。虽说这是打游戏的道理，但是用在我们生活中也是一样的。

每个人都有适合他的位置，天生力气大的人就不要强迫自己去绣花，那是对其一身力气的最大浪费；对管理方面一窍不通的人，就不要苛求自己坐到那个位置上，因为那样只会浪费团队的资源，同时阻碍自己真正实力的发挥。也就是说，一个人坐到了不合适，或无法胜任的位置上，对所有人而言，都是浪费时间。

这就是"彼得原理"，对个人而言，虽然我们每个人都期待着不停地升职，但不要将往上爬作为我们的唯一动力。与其在一个无法完全胜任的岗位上勉力支撑、甚至无所适从，不如找一个自己游刃有余的岗位，好好发挥自己的专长，进一步提升自己。

遗憾的是，生活中我们很多人无法意识到这一点，他们只是想尽快地升职，尽可能地爬到更高的位置，以此来证明自己多优秀。或是片面地想着这样就能让自己挣得更多，过得更好，比别人更强。等到真的坐上那个位置后，发现自己无论怎么努力也无法胜任工作时，又开始自怨自艾、自暴自弃，最后被"打回原形"，彻底失去之前的冲劲儿。

俗话说，做人要有自知之明。对于"向上爬"这回事，其实我们也应该做到"有自知之明"。每个人有他擅长的和不擅长的，并不是说我们一定要做到管理阶层，才能体现我们的优秀。多把精力放在适合自己的事情上，在适合自己的位置上，尽可能地把事情做得出彩，做得漂亮，一样没人能否定我们。相反，坐错了位置，更容易招人耻笑。

5. 光环效应——全面正确地认识自己

光环效应，亦称晕轮效应，指人们在看问题的时候，就像日晕一样，由一个中心点逐步向外扩散成越来越大的圆圈，在这晕轮或光环的影响下，产生了以点代面，以偏概全的社会心理效应。简单来说，就是看问题不能全面地分析，而是抓住其中一个比较突出的点，进行片面、失真的分析和认识。生活中，多数人都受这种效应影响。

说起光环效应，有这样一个故事：

天津自行车厂是一家百年老厂，也是世界上最大的自行车制造厂之一，旗下的飞鸽牌自行车行销神州大地，广受消费者欢迎。但作为一家世界级的厂家，他们并不满足于国内市场的成就，还渴望开拓更大的海外市场。然而，海外市场的开拓是极其困难的，在费了很大的劲仍不得门路之后，天津自行车厂不得不发出疑问：应该怎么办才好？

恰好，1989年2月，新当选的美国总统布什，即将访华。该厂的领导眼睛一亮，想到了一个好主意。原来，布什夫妇喜欢骑自行车，酷爱自行车运动，他们就想利用这一点。于是把自己的想法告诉了新华社，表示愿意把飞鸽牌自行车作为礼品，送给布什夫妇。新华社认为这是个不错的法子，就又上报给了国务院。国务院对此十分重视，再三斟酌后，答应以刚投产的飞鸽QF83型男车和QF84型女车，作为送给布什夫妇的礼品车。

当李鹏总理将这两辆自行车送给布什夫妇时，他们显得十分高兴，并在第二天试着骑行了一段。这个场面被全世界上百家媒体进行了报道，很快，飞鸽牌自行车名扬全世界。天津自行车厂抓紧时机，加快向美国出口自行车。不久，该厂的飞鸽牌自行车就源源不断地飞到了美国。借助于布什夫妇的名人效应，飞鸽牌自行车成功打开了海外市场。

从这个故事来看，其结果是正面的。通过利用名人效应，将人们的注意力集中到他们身上，进而帮助自己的产品打响名声。但是，从深层次的角度来看，这个故事也深刻地诠释"光环效应"的作用。比如，因为布什夫妇是世界级名人，他们的一举一动都吸引世人的注意，所以当他们使用飞鸽牌自行车的时候，全世界的人们因为出于对布什夫妇的"信任"，觉得他们都骑这种自行车，自然也就说明了这种车的品质。

这是明显的以偏概全：通过对布什夫妇的推崇，进而以此为标准，认定他们接触的一切事物都是相应档次的东西。从这个角度看，光环效应会给人带来三大误区：

第一，它容易让人抓住事物的个别特征，以此推及其全貌，就像盲人摸象一样，抓住一条腿，就以为大象是柱状的东西。生活中，这样的现象是到处都是。比如，某明星代言了一款洗发水，连他自己都没用过，但追星族和大众出于对该明星的了解，就片面地认定这款洗发水是好的，于是蜂拥而至，大肆抢购。结果用过后才知道，它的质量不行。

第二，它容易误导人们，把并无内在联系的一些个性，或外貌特征联系在一起，断言有这种特征必然会有另一种特征。这一点我们可以从一些电视剧中找到例子。

比如，《还珠格格》中容嬷嬷的扮演者，因其在剧中演得太好，其恶毒形象入木三分，进而让人误以为，她在现实生活中也是这样一个人。究其原因，在于人们将"角色"和演员本身联系起来了，以角色的行为去推测演员，但实际上他们并无必然关联。

第三，容易使人养成极端看待问题的态度，一说好就全部肯定，一说坏就全部否定，受到主观偏见的支配。比如，某明星之前一直是以"居家男人"、"专情男"、"帅男"、"努力，勤奋好学"等形象示人，追星族们就容不得他人说起半点坏话，甚至连质疑都不行。但一旦其"好男人"形象破裂，即使他在其他方面依然值得人们称道，也会被骂得很惨。

可见，"光环效应"的负面意义在于：它使人们仅仅根据某一突出特点去评价、认识和对待一样事物。如某人一次表现好，就认为他一切皆优，犯了一次错，就说他一贯表现差等等。这种心态在社会中很常见，但与此同时，它也是催生许多误会的源头。

当然，"光环效应"也具备一定正面的意义，比如故事中天津自行车厂的成功，就是利用了它的衍生体，"名人效应"。但不管怎么说，它会让我们陷入"一叶障目，不见泰山"的狭隘世界，无法得见事实真相，这对于我们认识世界，提升自我是有害的。

事实上，在现实生活中，百分之百"一无是处"的东西，和"完美无缺"的人，都是不存在的。绝大多数事物，还是以"中庸"的姿态存在，好中有"不足"，"坏"中有值得称道的地方。想要真正认识它们，就要带上"墨镜"，破除"光环效应"，看透其隐藏在光晕背后的真容。想要做到这一点，我们就必须"多角度看问题"，多给自己一些时间去观察和探索，不要急于给出答案。要像姜文在电影中说的那样，"让子弹先飞上一会"。

6. 手表定律——太多的选择会迷失自己

有这样一个故事：

一名游客穿越森林，把手表落在了林子里，被一只猴子捡到。聪明的猴子很快明白了手表的用途，一时间，猴群里的每只猴子都向它请教时间，它成了猴群之王。

有一次，这只猴子又在林子里捡到几块手表。起初，猴子很高兴，认为手表越多，时间就越准确。然而，实际情况却是，不同的手表显示的时间都有误差，猴子不知道哪个才是最正确的，开始茫然了。在这之后，每当别的猴子问它时，它总是避而不答。

这就是有名的"手表定律",指一个人如果拥有两块以上的手表,那么他的注意力会更多地被手表吸引过去,而不是时间本身,从而导致他对时间失去准确判断。从更深层次的方面来说,"手表定律"所揭示的道理是:当一个人面临的选择越多时,越容易陷入混乱,被繁多的选择耗去大量心力,以至于不知道该作何选择,在纠结中迷失自己。

拿破仑说过:"宁愿要一个平庸的将军带领一支军队,也不要两个天才同时领导一支军队"。一个平庸的领导,或许想不出什么惊天动地的计策,但他胜在能使整个队伍保持思想上的一致,大家只听从一个命令,劲往一处使。但如果是两个及以上的领导,那么即使这两个领导都颇具才能,队伍也会面临"命令太多,不知道该听谁"的窘境。

从管理学的角度,这样的人员结构,会造成团队的混乱,容易导致团队成员陷入内斗、内耗和迷茫中,将精力白白浪费在"听谁的话"、"谁才是领导"上。因此,在管理学领域有一条铁律:一个团队,不能同时采用两种不同的管理方法,否则将使这个团队无法发展。在这方面,有名的"美国在线与时代华纳合并"事件,就是一个典型的失败案例。

美国在线是一家年轻的互联网公司,讲究"一切为快速抢占市场的目标服务",而时代华纳则是一家老牌企业,强调诚信之道和创新精神。两家合并后,由于管理层没有很好地解决两种价值标准的冲突,导致员工完全搞不清企业未来的方向。最终,这场"世纪联姻"以失败告终。可见,要搞清楚时间,一块准时的表就足够了,多了反而麻烦。

在企业管理中是如此,于我们个人而言,更是如此。我们常说，"成功之道，就是认准一个目标，其他的什么也不想，全力为这个目标倾尽一切努力"。任何人，如果在同一阶段给自己设立了两个以上的目标，就会使他的行为混乱，行动力被大大削弱。

刘伟华，大四下学期的时候，面对毕业他有很多出路。他的父亲在相关部门里有一些关系，可以介绍他去部队当兵，只要表现不差，过几年就可以提干；他自己想考研，甚至打算以后去美国留学，连签证都快办好了；他还想找份工作，一边工作一边考研。

每一个想法对他来说，都有极大概率实现。然而结果却是，他考研了，没进复试，一直在调剂；他打算去美国读研，临上飞机时又退缩了。在他心里始终盘旋着这样一个念头，"实在不行，我还可以……"，结果每次都因为这个念头，而无法做到全力以赴。

之后，他在一个小城找了一份工作，干了一年，心里还是想着考研，出国留学……心思定不下来，工作也没起色。渐渐地，刘伟华开始暴躁、绝望、失去了信心。

一个人选择太多，往往容易陷入茫然，不知道自己到底想要的是什么，他们总会像刘伟华那样，心里想着"实在不行，我还可以……"、"这样不行的话，我还可以……"事事都给自己留了退路。看似稳扎稳打，实际上无形中给了自己不尽全力的契机。

现下，社会中充满了各种各样的"考试机构"，帮助身在职场的人们应对各类职级、专业乃至公务员的考试。那些辅导老师们通常都会说一句话，"你要是抱着试试的心态，就别去了，浪费那时间跟感情干什么，要去就好好准备，一心一意的，差不了。"

柳传志 40 岁开始创业，任正非 43 岁开始创业，雷军也是 40 岁后重新开始。他们每一个人在创业的时候，实际上已经没有多少选择，但最终都成功了。其关键就在于，他们一旦作下决定，眼中就只有那个决定及其目标，其余的杂念臆想便不再关注了。

留给自己的选择太多，我们就会把更多的时间花在"想"上，导致"行"的时间被大幅度减少，自然做事的结果也就会大打折扣了。这就好比，去商场买东西，商品的种类太多，需要我们用大量时间去了解，然后从中挑选自己满意的。结果是挑来挑去都无法作出决定，最后干脆两手空空地离开了。

生活，简单就好。做人做事，亦是如此。不要给自己留太多的选择，也不要花时间去纠结"我该怎么选择……"。期待什么样的生活，就朝那个方向努力；想要实现什么目标，就认准它然后全力为之拼搏。目标都是一个一个实现的，三心二意，只会徒劳无功。

7. 毛毛虫效应——不要被事物束缚住思路

法国昆虫学家法布尔曾经做过一个实验：

他把许多毛毛虫放在一个花盆上，使其首尾相接，围成一圈，然后在花盆周围不远的地方，撒了一些毛毛虫喜欢的松叶。

试验开始了，这些毛毛虫一个跟着一个，绕着花盆边缘一圈一圈地走。很快，一小时过去了，两小时过去了，一天过去了……这些毛毛虫始终围着那个花盆绕圈。

本来，法布尔在做这个试验前，曾设想：毛毛虫会很快厌倦这种毫无意义的游戏，转向它们最喜欢的食物。然而，事实却并非如此，这些毛毛虫直到死，也没能从那个"怪圈"中走出来。它们习惯于固守既有规律的本能，将自己困在了"怪圈"当中。

这就是有名的"毛毛虫试验"，人们据此提出了"毛毛虫效应"的概念。在自然界，有很多生物都遵循类似的本能，它们生来就被写入"服从既有规则"的基因，不敢进行新的尝试，以至于进化缓慢。其实，在这一点上，人类很多时候也在犯类似的错。

围棋源于中国，是中国文化与文明的体现。然而，就是这样一件民族瑰宝，在相当长的一段时间内，中国人却没能将之发扬光大，在围棋上接连输给日本、朝鲜。

清朝乾隆年间，当时有一个围棋大国手，是朝廷棋待诏的官员，名叫施襄夏。他一生为棋，致力于发扬中国围棋。

有一次，一名日本棋手西来，扬言挑战中国第一棋手。乾隆震怒，下令棋待诏应敌。因为两国规则不同，所以各出一半规则。比如，中国围棋讲究座子，开局必定四枚座子，然后开始绞杀。在这场世纪大比拼中，应日本棋手要求，取消座子，以日本的规则开局。这样一来，开局就不用座子，而是可以随意落子，由此衍生出数百种的变化。

在这种规则下，棋待诏除施襄夏之外，所有人都败下阵来。

施襄夏在见识日本棋手的下法之后，看出门道：日本的这种不按座子开局的模式，比中国的座子棋更先进。于是，他在击败日本棋手后，就向对方认真请教，打算把日本人的围棋之道，及其棋手品阶制度引进到国内，以促进中国围棋之道的进一步发展。

他深刻意识到，日本围棋已经走在中国围棋的前面，如果中国围棋不除旧革新，迎头赶上，在未来不久，很可能被日本远远抛在身后。然而，当他着手实施改革时，却遭到了天下棋手，尤其是棋待诏同僚们的反对，理由是，没了座子，我们如何下棋呢。

就这样，中国围棋错过了这次改革，落后的座子棋模式一直延续到民国初年。最后，面对日本，朝鲜等一众围棋高手的强大实力，这才幡然醒悟，摒弃了座子棋。

人都有惯性思维，爱用常用的思维方式思考问题，用常用的行为方式处理事情。这样做有很多好处，比如节省时间、节省精力、提高做事效率、便于将方法整理成册，在人群中推广开来等等。这也就是我们常说的"经验"，经验越丰富，做事越得心应手。

但是，事事依赖于"经验"，也有很明显的弊端，那就是不够灵活，不够创新，会让人逐渐养成"经验至上"的心态。换言之，过分依赖经验的人，在做事情的时候，通常不愿意多动脑子，喜欢按照既有的方法、方式去做事。比如，遇到前面有河，就想着坐船过去，却不去思考：这条河有多深，能不能直接趟过去，又或深不可测，小船难行？

一个真正聪明的人，就要敢于打破思维桎梏，让自己不受束缚，这样才能以更客观、更全面的角度去认知一样事物。也就是说，在我们的生活和工作中，一旦遭遇挫折或陷入停顿时，绝不能像毛毛虫那样，只顾着盲从于本能，做毫无意义的努力。而是应该转变思路，善于另辟蹊径，以便更有技巧、更有效率地工作，从而达到事半功倍的效果。

比如有一年，市场上的苹果供大于求，苹果商人们焦急不已，慨叹自己将要大亏本。这时，一个人灵机一动，用纸剪出各种祝福的字，然后贴在还没摘下的苹果上。几日过去，等到采摘时，苹果上面就有了各种"福"和"喜"的字样，顾客们蜂拥而至。

可见，一旦打破思维定势，从全新的角度考虑问题，往往能找到解决问题的办法。"毛毛虫效应"的弊端就在于，一是思维存在惰性，目光短浅；二是害怕风险，缺乏魄力；再来便是缺乏创新的思想。不愿去想，不敢去想，想了不敢去做，自然不可能有什么收获。对我们自身的发展来说，无论是工作还是生活，这种态度都是不可取的。

那么，如何去做，才能帮助我们突破思维的束缚，全面了解问题呢？

第一，唱反调逆推法：顾名思义，就是有意识地"唱反调"。比如，我们读金庸先生的小说《连城诀》，按主流的看法，是这本书是描写人性之恶的。那么，我们是否可以跟主流唱唱反调，反过来思考呢，有可能它蕴藏着更深层次的"人性之善"呢？不管对不对，只要我们这样去想，就会产生全新的视角，发现一些以前没有的东西和观点。

第二，倒立看世界法：网上流行一句话，叫"试着把照片倒过来，你会看到不一样的风景"。人有的时候就是这样，被自己站的地方限制了视野。我们可以尝试移动自己，来找寻新的视角。比如把照片倒过来，把视频倒着放等等。在电影《极盗车神》中，男主角就通过倒放录音，暂停录音来制作一种特别的音乐。

第三，特立独行之法：有意识地让自己的一些行为与别人不同。比如故意从人群面前经过，看一些大众不太喜欢的电影。通过这种刻意的"特立独行"，我们能感受到周围人对我们的评价和感受，也可以接触之前没有接触的东西，进而收获全新的体验。

第四，大胆尝试之法：勇于尝试一些新东西，比如网上开玩笑说的"西瓜皮泡面"、"板蓝根煮粥"等等。适当尝试，既是开阔我们的视野，培养我们勇于挑战的性格，也能帮助我们打开思维，见识到与众不同的东西，收获一些特别的成功，或者是失败。

总之，我们要学会摆脱"毛毛虫效应"的影响，敢于去突破旧思维的桎梏，使自己从旧的思想牢笼中解放出来。这样我们才能慢慢练就临场随机应变的能力，同时做到难题巧解，老问题新解，一个问题多解。提高我们做事的能力和应对环境变化的能力，让自己生活得更好。

8. 韦奇定律——不要让闲话动摇了你的意志

美国洛杉矶加州大学经济学家伊渥·韦奇，提出了这样一个观点：即使你已经有了主见，但如果有 10 个朋友和你看法相反，你就很难做到不动摇。

换句话说，每个人一生中都在做出各种决策，大到择业、婚恋，小到出行、购物等。而人又是一种社会性动物，周围都有家人、亲戚、朋友和同事等人际交往圈。因此，在准备做出决策时，就不可避免地会向他人咨询。一旦我们听到的建议多了，就难免会陷入韦奇定律所揭示的这种困境中。

在《战国策》中记载了一则"三人成虎"的典故，说：

有一次，魏国太子与大夫庞恭将一同作为赵国的人质，奔赴赵国国都邯郸。临行前，庞恭心想，魏王身边有许多小人，一定会趁自己不在，搬弄自己的是非。于是，他就问魏王："要是有一个人对您说，闹市上熙熙攘攘的人群里有一只老虎，您会相信马？"魏王笑了起来，说："我当然不信。"庞恭又问："要是有两个人这样对您说呢？"

"那我也不相信。"魏王仍旧摇头。

"那要是有三个人都说，自己亲眼见到了闹市里的老虎呢？"

这一次，魏王没有摇头，而是想了想，说："如果有这么多人都说看到了老虎，那我想肯定是确有其事了。因此，我不能不信。"

听了这话，庞恭感慨地说："果然如此，问题就出在这儿了。人人皆知，一只老虎绝对不敢闯入闹市中。现在君王不顾及情理逻辑，不深入调查，只听三个人说，就相信了这个事实。我此去邯郸，背后向您说我的人何止三个，还请您千万不要相信啊。"

生活中，我们的思想意志，时常为他人所左右。比如，当走到一个岔路口时，面对向左还是向右的问题，我们总会在自己的选择与他人的建议中摇摆。是跟随自己的想法走，还是听从他人的意见，常常取决于"他人"这个团体有多强大。如果只是一两个人跟自己的想法相反，很多人或许会坚持"己见"，不在意旁人的建议。但如果是大多数人都与自己想法相反的话，那么，我们通常的做法是听取多数人的意见，跟随大众的脚步。

韦奇定律说的正是这种现象：即使我们已经有了主见，但如果受到大多数人的质疑，还是会忍不住产生动摇乃至放弃的心思。然而，有道是"真理往往掌握在少数人手里"。大多数人的意见和看法，很多时候并不一定是对的，并不适合我们。如果盲目听之信之，很容易导致我们偏离正确的航道，走上错误的道路，最终迷失方向，一事无成。

每个人有每个人独特的思想观念和价值、才能，如果一味用别人的观念来作为衡量自己的标准，只会掩盖自身的才能。反倒是坚持自己的路，更容易通向彼岸。许多伟人之所以能成功，就是因为比别人看得更高、想得更远、更坚定地忠于自己的选择。

罗琳从小就热爱英国文学，热爱写作和讲故事，不管遇到什么困难，都不曾放弃过自己的创作事业。婚后，她遭受到丈夫的辱骂殴打，最后甚至被无情地赶出家门。带着孩子，身无分文的她，陷入了最恶劣的困境中，面临着生存的挑战。常常是，女儿吃饱了，她自己还饿着肚子。但就算是在这样的条件下，她也依然没有打消写作的积极性。

她整天不停地写，有时为了省钱省电，甚至会在咖啡馆写上一天。许多朋友都劝她放弃吧，改行找一份能养活自己的工作，但她始终坚持自己的想法。就这样，在女儿的哭叫声中，第一本《哈利·波特》诞生了，并创造了出版界的奇迹，被翻译成 35 种语言，在 115 个国家和地区发行。罗琳说，她坚信自己的选择是正确的，即使生活再艰难。

很多时候，我们就应该像罗琳这样，坚持自己的想法，走自己的路。马克·吐温曾经说过，"信念达到了顶点，就能够产生惊人的效果"。也就是说，一个人想要做出一番成绩，首先就要坚定自己的信念，不人云亦云，不轻易被旁人的话动摇了自己的目标和信心。只有保持自信，坚持不懈，我们才能始终如一地为理想而拼搏。

在我们身边，很多人之所以干这不成，干那也不成，就是因为身边的各类声音太多。并且彼此意见看法相左，令他们失去了方寸，不知道该听谁的，该信谁的，进而失去了对自己目标的坚守及对自己信念的坚持，轻而易举地就放弃了，最终一无所获。

要知道，认真听取别人的意见，固然有助于我们更全面地掌握信息、更深入地分析问题，以最小的偏差做出正确的决策。但是，过多地听取别人的观点，也会导致我们思维混乱，难以坚持自己的选择。只有我们认准自己的目标和信念，才能明确方向。我们需要在听取意见和刚愎自用中找出那个临界点，听取别人有用的建议，而不是在纷繁复杂的说法中摇摆不定。

9. 马蝇效应——为自己寻找一个势均力敌的对手

再懒的马，只要身上有马蝇叮咬，它也会精神抖擞，飞快奔跑。这就是著名的"马蝇效应"。产生马蝇效应的原因，关键在于马蝇给马带来了痛感，为了摆脱这种痛感，马儿就会疯狂地奔跑，以期甩掉马蝇。因此，"马蝇效应"本质上是一种痛感激励。

关于"马蝇效应"一词，据传源于美国前总统林肯少年时的一件趣事：

少年时期的林肯，非常好动。有一次，他和兄弟在肯塔基州老家的一个农场里犁地，林肯吆马，他的兄弟扶犁。然而，那匹马很懒，慢腾腾地不说，还走走停停。两兄弟为此大伤脑筋。忽然，不知道怎么回事，马儿跑了起来，并且越跑越快，林肯很好奇。

到了地头，林肯发现有一只很大的马蝇叮在了马屁股上，就随手将马蝇打落。他的兄弟抱怨起来，说："你打它做什么，就是有了这家伙，马儿才跑得这么快呢。"

原来，马蝇一咬，马儿就感觉到痛，感觉到不舒服，就想摆脱这种感觉，于是就奋力跑了起来。一旦马蝇没有了，马儿又感到舒服了，就不会那么尽心尽力跑了。

多年后，林肯竞选美国总统后，重用参议员萨蒙波特·蔡思，有人就问林肯："你不怕他抢了你的位置吗，他可是说过这样的豪言呢？"。林肯就跟他讲了这个"马蝇"的故事，然后说："如果有一只叫'总统欲'的马蝇叮着蔡思先生，那么只要它能使蔡思不停地跑，我就不想打落它"。事实证明，林肯是对的，这个蔡思的确是一个能干的人。

在团队管理中，这种"马蝇效应"是管理者最为常用的一种管理手段。一个团队，如果长时间保持风平浪静，表面上看起来一片和谐，但实质上却是一潭死水。因此，管理者需要通过一些手段，或改变团队的环境，或给团队成员增添一些强大的竞争对手，使团队成员产生被"刺痛"的感觉，以此来刺激、激励成员们的上进心和积极性。

这就是"马蝇效应"在管理领域的运用。其实，不单单是针对团队管理，对于我们个人而言，这个道理也是适用的。一个始终处在安逸环境中的人，因为没有任何威胁，不必为生存和挑战而烦忧，他就会渐渐失去警觉性、上进心和做事的积极性。

我们常说温室的花朵经不起风吹雨打，实际上，它们就是因为缺少了"马蝇"对它们的磨练。因此，有人说，"人活着，一定要有对手"。有了竞争对手，做事才会有积极性；有了竞争对手，才会不断对自己的优势和不足进行反省，进而不断提高自身。从这个层面上来说，竞争对手就是我们的镜子，同时也是"叮咬"我们，驱使我们前进的马蝇。

在世界羽毛球男子单打的赛场上，马来西亚的选手李宗伟与我国的林丹都是非常优秀的运动员。赛场上，他们角逐冠军，互相争锋，想要击败对方。而在赛场之下，他们有相互学习，从对方身上学到有用的东西，用以提升自己的实力。

从2004年的汤姆斯杯亚洲区预选赛以来，他们一起经历了苏迪曼杯、北京奥运会、伦敦奥运会、各大亚运会。而在2016年的里约奥运会上，已经是他们之间第37次比赛了。在这之前，林丹已经赢了他25次，他们在赛场上"相爱相杀"了整整12年。

在奥运会这样的世界级比赛上，李宗伟直到里约奥运会，才第一次击败林丹。每次谈到林丹时，李宗伟总是说"感谢"。

他说，他们之间有一个约定，那就是：只要人还在羽毛球的赛场上，他们就要站在最高赛场上为国征战，并且战斗到和对方见面。他还说，"其实他是我一个很伟大的对手，因为没有他，我觉得我也没有这么刻苦地去训练。"

有句话是这么说的，"看一个人是否伟大，要看他的对手是否伟大"。竞争对手使我们更加努力，因为落后就要挨打，对手的存在让我们时刻不敢松懈。就像马蝇和马，想要摆脱马蝇带来的刺痛，马就必须发力狂奔，将其甩下去，停在原地不动只会受苦。

竞争对手就是最好的老师，他教会我们成功和失败的各种经验，让我们知道自己的工作该如何做，逼迫我们每天都去思考，如何才能战胜他。不想被打败，就只有前进。但是，竞争对手不是乱找的，必须适合我们自身才行，如果找得不合适，对我们的促进作用就会大大减弱。那么，具体来说，我们应该如何为自己寻找一位合适的竞争对手呢？

第一，不能找太弱的对手。举个形象点的例子，如果将马蝇换成其他脆弱的虫子，一口咬上去，都咬不破马儿的皮，马儿毫无痛感，它就不会因为疼痛而奔跑了。我们找对手也是一样的道理，找一个三两下就能打败的人做对手，对我们的成长毫无意义。

第二，不能找太强的对手。仍然是以马儿为例，如果我们将马蝇换成老虎，以此来刺激马儿吃痛狂奔，那么很大的可能是马儿最终被老虎一口咬掉半个屁股，一命呜呼。可见，对手如果太强，那么就不是刺激我们、帮助我们成长了，而是直接杀死我们。

第三，不能找完全不是一个体系的对手。每个人都有自己擅长的领域，我们为自己找寻对手，最好是从自己擅长的领域寻找。如果找了一个完全与自己领域不相干的人做对手，相互请教、指点的机会就不会太多。比如，一个做编辑的和一个石匠做对手，石匠既不能帮助编辑提高写作能力，编辑也不能给石匠提供凿石头的建议。

总之，找对手就要找与自己所从事职业相同领域的人。同时，对方的能力要和我们差不太多，让我们有机会与对方一较高下。如此一来，我们就会有被追上、被超过的危机感，进而爆发潜力和积极性，去努力提高自己，以此击败对方。

10. 半途效应——你为什么总是半途而废

在心理学上，有一种半途效应，指的是一个人在受到激励后，做一件事做到一半时，又因为心理因素及环境因素的交互作用，导致对目标行为产生妥协、放弃等负面情绪，进而半途而废的一种心理效应。根据大量事实证明，人们对于目标行为的终止，大多都发生在"半途"。在我们实现目标的过程中，中点是一个极其敏感的点。

有这样一个寓言：

一个人打算挖一口井，他找来工具开始挖。第一次，挖了五六米，见下面没有水源，他就放弃了。过了一阵子，他又重新找了个地方开始挖，结果挖了十多米，又放弃了。再过了一阵子，他又选一个地方开始挖，不出所料，在挖到十五六米时放弃了。

后来，有人从他挖过的一个地方接着挖，结果没挖多久，就挖出了水源。原来，他那次已经挖到一半了，就快挖出水源了，但他出于怀疑心理，就提前放弃了。

生活中，我们很多人在做事的时候，都会像他一样，一开始的时候激情满满，然而，等事情做到一半的时候，又开始对自己的行为和目标产生怀疑，进而放弃。以至于我们总是在不断更换目标和前进的方向，却总是不能抵达终点，徘徊在胜利的前夜。

做事情半途而废，不能坚持到底，已经成为我们绝大多数人的困境，并阻碍着我们的成长。为什么会有这样的心理？据心理学家的研究分析，主要有两个原因：

第一，目标选择的合理性不够。目标选择越不合理，实现目标的难度也就越高，越容易出现半途效应。选择目标的时候不能自轻亦不能自大，恰到好处最合适。

陈志宇大学刚毕业，就给自己定了一个目标，那就是务必要在工作的第一年，赚够买车的首付钱，即 10 万。怀着这个"远大"的目标，他开始找工作。然而，他的专业并不是当下最火的 IT、金融，学校也不是 985、211 等名牌、重本院校。以至于找工作的时候，要么是对方开出的工资太低，入不了他眼，要么是对方的条件太高，嫌他不够资格。

一晃过去小半年，他还是没找到工作，心急的他投身于销售领域。但干了几个月，发现想要做出大单子也不是一件容易的事。最后，他觉得自己赚够"车钱"的希望几乎等于零，就干脆放弃了，连工作状态和心态也受到影响，一连换了三份工作。

将目标设的太大，纵然我们雄心壮志，豪情比天高，但等到实际去为之拼搏的时候，往往也会生出力不从心的感觉。更何况，对绝大多数人而言，一旦发现最终目标离自己太过遥远，在信心和决心上也会受到影响，很容易动摇信念，最后颓然地放弃目标。

第二，则是关乎个人的意志力。意志力越弱的人越容易出现半途效应。因为意志力太弱，很容易因为一点小小的挫折就怀疑自己，或无法控制自己，忍不住分心。比如那些沉迷于网络游戏、电子小说的人，他们中的很多人都能意识到，长期沉迷对自己的学业、事业，乃至身体健康没有好处，他们也想戒掉，但就是意志力不够，屡屡失败。

赵建阳几个月前迷上了手机游戏"王者荣耀"，每天一有空就忍不住拿出手机"开黑"。到最后，甚至发展到上班时间也偷摸着地玩。虽然他也知道这样下去不好，曾经试图卸载游戏，或是把手机锁起来。但都没用，几个小时不玩他心里就像猫爪子在挠。

后来，他给自己做了"戒除游戏瘾"的计划，规定自己先做到一周内不玩游戏，然后再将这个时间一步步拉长。然而，等到开始实施时，他只坚持到周四就不行了。

很多时候，我们之所以半途而废，有很大一部分原因就在于我们自身意志力薄弱，无法坚持下去。但这恰恰又是最严重和最矛盾的问题，一个意志力薄弱的人，是很难通过自己的力量来克服这种弱点的。为此，行为学家提出了一种"大目标、小步子"的概念和方法，也就是对目标进行分解，通过"另类的打怪升级",来实现对"半途效应"的克服。

换言之,这就要求我们从小事做起。以赵建阳为例,他可以把自己的"戒除游戏瘾"计划定为:每天只允许打一次,等到这一步能够做到后,再进一步克制,把这个频率降低。变成每两天打一次,每三天打一次……虽然看上去进步微小,但胜在易于实现。

高尔基说:"哪怕是对自己的一点小小的克制,也会使人变得强而有力。"今天,我们或许挑不起一百斤的担子,但我们可以先挑三十斤。只要我们天天挑,总有一天,即使一百斤担子压在我们肩上,我们也能健步如飞。这是最适合意志力薄弱之人的方法,可以借此让我们锻炼出大毅力。这也是心理学家所提出的"大目标、小步子"的真意。

"半途效应"会让我们养成做事只做一半的坏习惯,不利于我们的长期发展。毕竟,不能坚持将一件事做完,哪怕我们之前做得再认真,没有结果也是毫无意义的。因此,我们一定要努力克服这种心理效应,坚持把一件事做完,这样才有可能取得好结果。

第六章

情绪心理，提高对自己情绪的控制力

1. 踢猫效应——不要成为坏情绪的传递者

人在情绪不满或者心情十分糟糕的时候，坏情绪一般会沿着等级和强弱组成的社会关系链条依次传递。简单来说，就是领导不爽了，会跟下属发火，下属又会向比他资历浅的新人或徒弟发火，徒弟就有可能向自己的恋人发火，恋人就有可能气得摔东西、砸东西。

这就是心理学中著名的"踢猫效应"，是一种心理疾病的传染。在这条"传染"的链条上，最终受害者往往是那个最弱小的元素，因为他已经找不到发火对象了。

有这样一个故事：

有一次，一个小孩的父亲在公司受到了上司的批评，回到家后有气没地儿撒，就把沙发上跳来跳去，正玩得高兴的小孩臭骂了一顿。小孩不明就里挨了骂，心情自然变得十分糟糕，就狠狠地踹了身边打滚的猫一脚。猫受惊，一下子逃到街上，正好一辆卡车开了过来，司机本能地躲避，却不小心把街边另一个孩子给撞伤了。

一种坏情绪，很容易通过人际关系中的链条，依次传下去。生活中，我们每个人都是"踢猫效应"这条链条上的一个环节，遇到低自己一层的人，难免会有将愤怒转移出去的倾向。当我们转移愤怒时，接受我们愤怒的人通常也会效仿，形成恶性循环。

愤怒的情绪对人的身心健康是不利的。从生物学的角度讲，人在愤怒时，由于交感神经兴奋，心跳会加快，血压会上升，呼吸会急促。经常发怒的人易患高血压、冠心病等等，还会缺乏食欲、消化不良，导致消化系统疾病。对于一些已有疾病的人来说，愤怒更会使他们的病情加重，甚至导致死亡。这就是我们常说的"怒伤肝"，"气大伤神"。

另外，由于人在愤怒时，情绪处于激动之中，这样通常会引发其他不理智的情绪。比如故事中的父亲，没来由地把宝贝儿子骂了一顿，凭空增加了父子间的隔阂。又比如，女孩因为工作不顺心，就没头没脑地把男友奚落了一番，结果导致两人发生口角，要么以各自不搭理对方收场，要么闹到分手的地步。怎么看，都像是自己在给自己找麻烦。

一个人如果沉溺于负面或不快乐的事情时，就会同时接收到负面和不快乐的事。当他把这种不快乐或负面传递给另一个人时，对方又会陷入这种负面状态。然后，这种负面的因子就像"癌变"的细胞一样，不断在人群中扩散，给更多的人带去坏的心情。

一般来讲，这样的人被我们称为"坏情绪传染源"，他给大家带来的不是快乐，而是不快乐。在人际交往和相处的过程中，这种人是不受欢迎的，是被众人排斥的。

一位顾客心情不好，就去店里要了一杯红茶，结果喝了没几口，他就大叫服务员："这位小姐，你过来，你看看，你们的牛奶是坏的，把我一杯红茶都给糟蹋了。"

服务小姐一边陪着不是，一边说："真是对不起，我立刻给您换一杯。"

新红茶很快就准备好了，老板还给他配了新鲜的柠檬和牛乳。服务员把这些轻轻放到顾客面前，又轻声地说："我能不能建议您，如果放柠檬，就不要加牛奶，因为有时候柠檬酸会造成牛奶结块。"

顾客一听，脸红得像猴屁股，匆匆喝完茶就走了。

旁边另一位顾客看到这一幕，就问服务小姐："明明是他的错，你为何不直说呢？"服务小姐笑着说："因为那样做的话，我们势必会爆发争吵，最后弄得大家都不高兴，也会影响其他客人的心情。"

做人，永远不要做那个"坏情绪"的传递者。坏的情绪一旦传递下去，就会让大家都感到不快乐，久而久之，大家就不愿再和你相处了。毕竟，谁会愿意跟一个成天只知道埋怨、抱怨、无故发火的人在一起呢？不管是成为无辜的"躺枪"者，被对方一阵数落、指责、甚至迁怒，还是作为一个旁听者，耳朵里总是充斥着负面的话，任谁也不会轻松吧。

就像那个服务小姐说的一样，一个人际交往中的高手，一个在人们眼中有风度的人，他们往往会控制好自己的情绪，不做"踢猫"的人，而是给大家传递快乐。那么，我们要怎样做，才能避开负面情绪，向人传递快乐呢？

第一，不要过多地关注那些令人不愉快的事。比如出门被人撞了鼻子、买早点丢了一块钱、被上司臭骂了一顿……像这样不愉快的经历，就让它们"原地爆炸"，烟消云散。这样一来，我们就能始终以较好的心情与人打交道，不会传递坏情绪。

第二，多多关注令人愉悦的事，将自己的快乐与人分享。比如，买彩票中了十元钱、看了一部好看的电影、新发现一家好吃的餐馆……当然，我们也需要注意，不要在刚刚经历挫折的人面前肆意分享我们的成功，因为这会让对方备受刺激，起到反作用。

不管是在生活中，还是在职场上，当我们与亲人、朋友、同事乃至上司交往和相处的时候，注意控制住我们坏的情绪，多分享开心的事。

2. 跨栏定律——把挑战困境看做一种享受

生活中，有这样一种常见的现象：盲人的听觉、触觉、嗅觉，都比一般人要灵敏；双腿残疾的人，通常手臂上的肌肉异常发达，大脑转得很快；失去双臂的人平衡感更强，双脚能做到很多常人做不到的事。似乎，一个人在一方面有所缺陷，在另一方面就会补上来。在心理学上，人们把这种现象叫做"跨栏定律"：面前的栏越高，你跳得就越高。

关于"跨栏定律"的来源，有这样一个故事：

多年前，一位名叫阿费烈德的外科医生，在解剖尸体时，发现了一个奇怪的现象。那些患病者的器官，并不如人们想象的那样糟糕。相反，在长期的抗争中，为了抵御病患，它们锻炼出了比正常器官更强的机能。

比如，当他在解剖一位肾病患者的尸体时，发现患者患病的肾，比正常人的肾更大，也更强健。随后，他将更多注意力投注到这方面，发现包括心脏、肺等几乎所有人体的器官，都存在类似的情况：患病者的器官，比正常人的更强健。

后来，他在给一名美术学生治病时，又发现了一个奇怪的现象：这些搞艺术的学生视力大不如人，有的甚至还是色盲。阿费烈德由此延伸了自己研究的病理现象。

最后，他提出：一些颇有成就的教授，之所以会走上艺术的道路，大多是受了生理缺陷的影响，缺陷不是阻止了他们，相反促进了他们在这一领域的发展。同样，病患对相应器官并不全是摧残，也在一定程度上刺激了该器官的再发育，使其更强健。

由此，阿费烈德将这种现象称为"跨栏定律"，即一个人的成就大小，往往取决于他所遇到困难的程度。

中国有句古话，叫"刀不磨，要生锈。"磨刀，其实很好地诠释了这一点：通过粗糙的磨刀石对刀锋的一遍遍打磨，反而使得刀锋变得更薄、更锋利。

很多时候，那些看似阻挡我们前进的障碍物，实际上促进了我们越过障碍的决心，也磨练了我们越过障碍的能力。所以在部队中，士兵们通常要翻越各种高墙，征服各种恶劣的环境。

在自然界中，老鹰蜕变的过程，说的也是这个道理。据说，当一只鹰活到40岁左右的时候，它的喙，爪和翅膀就会逐渐老化，不能再捕食猎物和翱翔天空了。这个时候，鹰有两个选择：一是回到巢穴等死，二是通过 150 天的漫长煎熬，以寻求重生。

如果一只鹰选择重生，那它必须艰难地飞到山崖顶端，在那里筑巢。然后，它要忍着饥饿和疼痛，在岩石上日复一日地敲打它的喙，直到脱落。等到新的喙长出来，老鹰必须更为决绝地用新喙将磨钝的爪子一个个拔出，直到长出新的、锋利的爪子。

在这两件工作完成后，老鹰还要把那些粗壮而沉重的羽毛，从翅膀上一根根拔掉，好让新的羽毛长出来。这个改变的过程总是漫长而痛苦的，鹰的重生，最快也需要 5 个月。如果它能熬过 150 天痛苦的历程，就可以重新冲上蓝天，再次翱翔在云端。

其实，从我们人类身上也能发现这一点。比如，我们身上受过伤的地方，那里的皮肤总是更加粗糙、厚实。越是不容易受伤的部位，越是脆弱。所以那些拳击员，尤其是泰拳运动员，总会不断击打自己的身体，以求让自己变得更强壮，更结实。

从这个角度来讲，当我们遇到困难或挫折的时候，不要被眼前的困境所吓倒，只要我们勇敢面对，坦然接受生活的挑战，就能克服困难和挫折，取得更高成就。

因此，一个人要想做出一番成绩，那就不要害怕困难。应该坚定自己的信心，将困难视作磨刀石，勇敢去面对挑战。那么，具体来说，我们应该怎么做？

首先，要敢于正面迎战困难，千万不要逃避，不要做把头埋在沙子里面的鸵鸟。任何困难，只要我们去努力克服，就总能找到办法。世上没有无解的难题，只有失败者的逃避。只要我们勇于面对困难，就已经胜利了一半。

其次，不要钻牛角尖，不要给自己的心理增加负担。遇到问题要保持清醒的头脑，越难越要鼓励自己。千万不要责备自己，要给自己打气，保持自信，这是解决问题的第一步。

最后，不要太依赖别人，困难要自己克服。我们可以向人请教，请求对方告诉我们解决问题的思路，但不要直接让对方给出答案，也不要想着让对方帮我们解决问题。一个人进步的关键是要培养自己独立克服困难的能力。饭要自己吃，路要自己走。总是想着依赖别人，万一将来没人帮助我们了，岂不是束手无策？

生命在于拼搏。没有什么大不了的，作为一个生活在竞争激烈的新时代的人，我们应该有这样的自信：挑战困难是一种享受，它能让我们更强大。我们完全没必要惧怕它们，正面迎击它们，然后克服它们，我们有能力办到。

3. 詹森效应——别让压力成为心灵的羁绊

詹森效应，源于一名叫詹森的运动员，此人平时训练有素，实力雄厚，但在体育赛场上却接连失利，让自己和他人失望。原来，每次比赛的时候，他都背负着巨大的心理压力，他会不停地在心里告诉自己："我不能输，输了我就完了。"正是这种心态，使他时刻处于高度紧张的状态。结果在正式比赛的时候，发挥失常，错失奖牌。

在一期《中国诗词大会》中，大会进行到选手个人追逐赛的最后一轮时，上台的是一位来自安徽的人民警察，王纪波。

主持人问他："你有没有统计过，自己大概能背诵多少首诗？"

王纪波脱口而出："四千首。"

当时，整个赛场一片震惊，守擂台的选手王子琳表示自己做不到这种程度，场外一百多人的选手团也没人举手。主持人由衷地赞叹："看来您是唯一的选手了。"

王子琳也说："王老师一定能胜过我。"

大家都对王纪波寄予厚望，期待他的精彩表现。然而，事实上却是，他在第一道题中就败下阵来。这道题是：从"长、前、月、安、见、人、不、云、古"这9个字中识别一句诗词。稍有点古典诗词知识的人，一眼就能看出，这是陈子昂《登幽州台歌》中的一句"前不见古人"，而王纪波沉吟半晌，却给出了这样的答案：不见长安月。当主持人询问，这是出自哪首诗时，他竟然回答："不是出自哪首诗，只是觉得像是一个诗句。"

显然，他答错了。后来，主持人说出了这首诗的题目，王纪波当即将整首诗非常流利地背了下来，但他却没能看出"前不见古人"这几个字，令众人深感惋惜。

人们好奇，为什么他会这么快败下阵来，点评老师说："他太紧张了。"

"经不起考"是我们很多人的通病。也就是人们常说的"关键时刻掉链子"。为什么会出现这样的情况，一般来说，还是因为自己给自己施加的压力太大了。就像案例中的王纪波，当主持人说他是选手团唯一一个能背诵四千首诗词的人的时候，他曾经说了一句，"这么说待会可能我下不了台了。"可见，当时他内心的压力确实是很大的。

在生活中，造成詹森效应的原因，无外乎以下两种：

第一，平日过于辉煌。有些人平时卓然出众，众星捧月，以至于造成一种心理定势：自己只能成功，不能失败，否则，将会被人耻笑。于是乎，从一开始就抱着"只能赢"的心态去做事。但世上哪有百分之百的把握，难免会有意外的出现。他们自己也知道这一点，于是脑海中徘徊着这样的念头：我如果输了，该怎么办。就在这种双重的压迫下，他们的心力被耗去大半，做事的时候自然就容易出错。

第二，还有的人，是因为即将抵达的"战场"过于敏感。比如，在世界级的赛场上，涉及为国争光的比赛；又或者高考场上、公务员考场上等关乎自己未来人生的考试。在这种情况下，因为事关重大，又有来自国家、家庭、亲朋好友的"厚望"，使得做事的人心里患得患失，包袱过重。如此强烈的心理得失困扰着自己，怎么能够发挥出应有的水平呢。另一方面是缺乏自信心，会产生怯场心理，束缚了自己潜能的发挥。

由此看来，"詹森效应"其实是在告诉我们：竞技场上，考验的不仅是选手的实力，还有选手的心理素质。有些人之所以无法在正式比赛、考试中发挥自己真实的水平，与他们对比赛结果过分重视有关。比如他们总想着不能输，这样无形中就给自己增加了压力，甚至让自己累得喘不过气来，这样自然难以发挥自己全部的实力。

那么，我们如何走出"詹森效应"的怪圈呢？

首先，我们要认清比赛或者考试的目的。尽量从"注重结果"转移到"注重过程"上来，淡化对结果的看重，进而克服恐惧感。一次比赛的失利，一次考试的失败，并不代表什么，要相信一个道理：我们的人生很长，未来的机会也还很多。

其次，要学会对自己施加正面的心理暗示。比如，即使失败了，我们也要告诉自己，"这没什么，下次再战"，借此平复自己负面的心情，尽快走出失败的阴影。

最后，在赛场上、考试中或关键时刻，我们也要告诉自己：不贪求成功，只求正常地发挥自己的水平。须知，越是关键的时刻，越是高级别的赛场、考场，与我们同台竞技的对手就越是厉害。在这种时候，我们彼此竞争的不只是实力，还有心理素质。就像武侠小说中的高手对决一样，狭路相逢勇者胜，只有树立自信心，无惧对手更无惧失败，才能将我们最大的功力灌注到剑锋之上，最终不负自己。

生活中，詹森效应已经是一种非常普遍的现象。它给人带来的最大痛苦，不是单纯的失败，而是败在自己的手中。试想，一名剑客，还未发挥出全部的实力，就被对手用剑指着咽喉，这无疑是最大的遗憾。因此，做人一定要沉得住气，不管结果如何，我们但求发挥出自己应有的实力，不让自己后悔，不要让压力成为我们的阻碍。

4. 齐加尼克效应——给你的情绪松松绑

齐加尼克是法国的一名心理学家，他曾做过一次实验：将自愿受试者分为两组，让他们各自完成 20 项工作。在这期间，齐加尼克对其中一组受试者进行干预，阻止他们完成工作，另一组却顺利完成了任务。然后，通过两组人前后表现的对比分析，他发现：

虽然在开始任务之前，两组人都表现出了一种紧张状态，但之后，顺利完成任务的那一组人立即解除了紧张状态。而未能完成任务的那组人员，则依旧持续紧张。他们的思绪总是停留在那些未能完成的工作任务上，为此而困扰，使得心灵难以得到解放。

这就是有名的齐加尼克效应：当一个人在接受一项工作时，就会产生紧张心理，只有完成任务，这种紧张才会解除。否则，紧张就会持续不变，令人感到焦虑。

1888 年，美国人正在为美国第 23 届总统的竞选而沸腾，作为总统候选人之一，本杰明·哈里森却很平静。

他的主要票仓在印第安纳州，该州的竞选结果要等到晚上 11 点钟才能出来。当选票结果出来以后，显示他当选时，他的一个朋友立即给他打电话祝贺，却被告知，哈里森早在一个小时之前，就已经上床睡觉了。

第二天上午，那位朋友问他："昨天那么大的事，你怎么睡这么早？"

哈里森说："熬夜并不能改变结果。如果我当选，我知道我前面的路会很难走。所以不管怎么说，休息好都不失为是明智的选择。"

生活中，我们经常能看到这样的景象：学生因为成绩不太好，因而心情焦虑，逼迫自己没日没夜地学习。结果心情紧张之下，学习效率不高，反而刺激到自己，于是再度逼迫自己提高学习强度，进而形成一个恶性循环，越学越没效果，越学越累。

同样，在职场中也有很多这样的人。因为工作任务没完成，于是逼自己加班到凌晨三四点，工作效率又差，还影响了第二天的工作，导致他们每天都要加班到很晚。偏偏每一份工作都干得不理想，做事结果达不到预期，使得自己压力满满，情绪紧张。

这就是"齐加尼克效应"在生活中的体现。可见，它的存在对我们而言，并不是什么美好的事。有些压力是良性的，它能让我们振作；但更多的压力，却会让我们感到自己无力控制局面，进而怀疑自己、否定自己，使我们倍加疲劳。

从医学的角度分析，一个人如果长期处于紧张状态，大脑就会高负荷运转，造成精神负担超限，进而引起因机体能量的减低而产生的疲劳。如此一来，我们就不能从休息中得到完全补偿。久而久之，就引发了所谓的"知识分子病"，也就是神经衰弱症。

简单来说，就是由于心理负担过重，于是长期处于紧张状态，就会导致做事的效率低下，最终出现这样一幅场景：你越努力越拼命做事，事情越得不到解决。

张锦芳最近新接了一个单子，眼看快要签订合同了，结果因为一份文件的缘故，客户不满意，要求重新拟定合同。这件事十万火急，为此，张锦芳一连三天，每晚加班到凌晨三点，修改合同。然而，每次改完，总有漏洞，渐渐地，客户有些怀疑公司的信誉。

张锦芳更加着急，到最后，连饭也顾不得吃，觉也顾不得睡，全力扑到合同上。经理见她这个样子，就让她休息一天，不要急着动手。结果，在放松了一天后，张锦芳只用了一个下午的时间，就把新合同弄好了，客户看了也很满意。

毋庸置疑，"齐加尼克"现象，对我们工作的影响是负面的。虽然看似让我们花了更多的时间在做事上，但实际上却是降低了我们的效率。相反，如果能避免齐加尼克效应，先放松一下，缓解了紧张的情绪，做事效率反而更高。可见，越是工作繁忙，越是有必要给我们的情绪松绑。

避免"齐加尼克效应"最明智的选择，就是向哈里森那样，该吃的时候吃，该睡的时候睡，给自己准备充分的休息时间。一个人只有休息好了，他的大脑才会得到放松，紧绷的神经也才会放松下来并消除疲惫。没了疲惫感，做事自然会得心应手。

此外，在有效工作时间内，尽量提高我们的工作效率，也是避免"齐加尼克效应"的方法之一。合理利用好每天的"8小时"，在这段时间内，适度保持紧张状态，以此敦促自己专心工作，力求在规定时间内完成工作。如此一来，每天下班的时候，我们都能体会那种做事成功，以及"柳暗花明又一村"的感觉，这会让我们的心情豁然开朗。

最后，娱乐也是一种积极的休息方式，对缓解心理压力十分有益。当然，最重要的一点是要保持一颗平和的心。压力是客观存在的，生活中，我们谁也不可能彻底排除压力，只能以积极的心态去面对。当面临繁重任务的时候，懂得劳逸结合，学会自己给自己"松绑"，调节我们紧张的情绪，这样才能真正做到不惧焦虑和压力。

5. 拍球效应——压力要有，但也别太多

拍球时，用的力越大，球就跳得越高。寓意承受的压力越大，一个人的潜能发挥程度就越高；反之，人的压力较轻，潜能发挥程度就较小，这就是"拍球效应"。

有这样一个故事：

一位经验丰富的老船长，有一次，他的货轮正全速航行在大西洋上。突然，天空黑了下来，一场可怕的风暴开始酝酿。船员们都很惊慌，但老船长却一副镇定的样子，果断命令船员们打开货舱，往里面灌水。船员们大惊失色，纷纷叫道："船长，你是不是疯了，往船舱里灌水只会增加船的重量，使船下沉，这不是自寻死路吗？"

但船长并不理会，强令大家按他说的做。随着货舱里的水位越升越高，船体也一寸一寸地下沉。船员们惊奇地发现，外

面那猛烈的狂风巨浪却越来越无力了，再也掀不动船了。最后，风暴过去，大家脱离险境。这时，船长才松了一口气，解释道：

"百万吨的巨轮，很少有被打翻的，只有根基较轻的小船才经不起风浪。我们的船是大船，本身载重量够了，只是不久前卸货了，现在是空船，而空船正是最危险的。所以我让大家给货舱灌水，实际上是在增加船的体量，以此抵挡暴风雨的侵袭。"

说到这里，船长又加了一句："当然，灌水也要注意船的载重，不可超量，不然，等不到风浪过来，船自己就沉了。"

听完船长的话，船员们这才恍然大悟。

老船长的做法无疑是对"压力效应"的完美诠释。事实上，船行大海是这样，我们为人处世也是这样，在必要的时候，只有适当的压力加身，才能使我们不至于被"风浪"所击垮。有道是"有压力才有动力"，人要是活在一个没有压力的环境下，就容易颓废，就很难进步。就好像没有落差的水流，地势过于平坦，它们就会成为一滩死水。

生活中，每个人每时每刻都在面临着压力。婴儿面临着生存的压力，虽然他们不一定有这个概念，但他们知道饿了就要吃的，要不来就哭；长到六七岁的时候，小孩就要面临学习的压力，面临同龄孩子竞争的压力；再长大，他们就要面临升学的压力，就业的压力；等到成家立业，进入社会后，就有了养家糊口和自我实现人生价值的压力。

可以说，压力是伴随我们一生的东西，谁都不可能幸免，它就像呼吸一样永远存在。因此，对于压力，我们要讨论的不是"要不要"的问题。如今，很多人在提到压力的时候，难免会心生厌恶，想要彻底抛弃压力，过无忧无虑的生活。但这是不可能的，压力不应该也不可能被彻底排除掉。所以面对压力，我们要做的是如何更好地利用压力。

同时，我们也需要清醒地认识压力。压力，不只是单纯地对人类有益的东西，它是一把双刃剑，即可杀敌，也会伤己。一旦我们没有拿捏到位，失了方寸，让施加己身的压力过于巨大，那么压力对我们而言，就是十足的杀器。

就像船长说的那样，在给船灌水增加它的自重时，必须注意到灌注的水量不能超过船本身的载重量，否则船就会被灌注的水压沉。同样，压力对我们的作用也是如此，适当的压力可以鞭策我们前进，但如果压力过大，就会让人不堪承受。

某公司一位员工，有一次接到一个非比寻常的任务：陪来自不同国家的学员参加一个高级研修班，她负责录像、记录和事务性工作。

这项任务的劳动量非常巨大，一周下来，这位员工不但身体疲惫，常常还要承受客户的冷言冷语。再加上客户都是海外的大老板，员工难免把自己跟对方做比较，过大的差距又让她很自卑、很绝望。终于，这一重又一重的压力，促使她爆发了。

在面对经理点评她的部分不到位的工作时，她忍不住大发雷霆，抱怨什么事都让她一个人干，又不给配备助手，还挑这挑那的。说完，摔门而去。

究竟为什么会这样？根据经理反映，平日里这位员工可不是这样的，为何这一次如此反常？其实，就是因为压力太大，让她承受不了了。这名员工的压力来源有三：第一，她要承受客户的冷言冷语，在人格尊严上承受了压力；第二，当经理询问她工作情况时，等于又向她施加了压力；第三，面对客户的巨大成就，再对比自己的成绩，又想到自己被对方呼来喝去，还要忍受公司的考核监督，这让她感到十分难堪，也很绝望。

人的承受力总是有限的，当压力过大，超过了心底那根弦，自然就会情绪崩溃。情况较轻者，或许只是像案例中的员工，向上司发火；情况严重者，就像那些因为学业不理想而轻生的学生，因为破产而自寻短见的人，会彻底失去希望，放弃生活。

在心理学上，对心理压力、工作难度和作业成绩三者之间的关系，有这样一个解释：在简单易做的工作情境下，较高的心理压力将产生较佳的成绩；在复杂困难的工作情境下，较低的心理压力将产生较高的成绩。由此可见，最好的工作状态是保持适度的压力。压力能让我们提高警觉，保持精力的高度集中，迅速进入最佳的工作状态，发挥全力。

6. 抱怨只会让事情更加糟糕

抱怨上司、抱怨同事、抱怨工作、抱怨生活……

在生活中，"抱怨"是一种非常常见的现象，常见到几乎融入了我们每个人的骨子里。

每个人都会有那么一段时间，特别想抱怨，也特别能抱怨。比如，一局本来快要胜利的游戏，被队友拖累打输了，你会抱怨；外出旅游，不小心丢了钱包，你会抱怨；新买的高档西装，第一次穿就被路过的车溅了一身泥，你会抱怨……其实，遇到这些情况，抱怨几句没什么。怕的是光顾着抱怨，连正经事都不做了。

一个年轻的农夫，某一天，他划着小船给另一个村子的居民运送自家的农产品。那天天气酷热难当，农夫汗流浃背，因而心情十分糟糕。

忽然，行到一处水域，前方出现了一条小船。那小船稳稳当当，沿河而下，看其前进的方向，很明显，如果不出意外，将会与农夫的船相撞。见状，农夫当即火冒三丈，大骂："让开，快点儿让开，你这个白痴，不会开船吗？"但农夫并未立刻改变航道。

尽管农夫骂得很厉害，说的话也很伤人，但对面小船上的人似乎格外沉得住气，就是不回应，也不停下来，更不改变航线。最终，两条船重重地撞在了一起。

年轻农夫一下子跳了起来，极度愤怒地说："你这个该死的东西，你把我的船给撞了，这么宽的河面，你竟然也会撞到我，你到底会不会开船，你给我出来，滚出来啊！"

说着，农夫就跳到对面那条船上去讨说法。这时，他才发现，原来这条小船竟然是一艘空船，上面根本没人驾驶。农夫瞬间哑然，感情自己刚才只是白吼一通。

很多时候，我们就像这个年轻的农夫一样，为自己的遭遇鸣不平，觉得一切错误都是别人的，都是外部环境造成的。于是满口抱怨，满心的不爽，将更多的精力和时间投注到"口头威风"上去。却不知，这样做除了让自己深陷愤怒、痛苦和难受的泥潭之外，其他的什么也得不到，情况依然不会改变。

从来没有谁，能够通过口头上的抱怨，就改变他口中"不爽"的遭遇。只会抱怨是没用的，被你抱怨的人，既不会因此而同情你，也不会就此改变对你的态度。在他们眼中，只会抱怨的你，其实只是一个不敢行动、不愿去改变、没能力改变的"弱者"。

很多时候，抱怨非但对改善情况没用，反而会让情况更恶劣。因为抱怨会让人产生负面情绪，从而让人过多地沉迷于之前的"不愉快经历"中，这种负面情绪是会传染的。这样一来，不但抱怨的那个人走不出"不愉快"的阴影，与他接触的人也会受到影响。最终，大家都有了负面情绪，这个时候，即使有心解决问题，也很容易导致情况恶化。

比如，赵丽芬曾经的一段经历就是如此：

有一次，赵丽芬接待了一位客户，她花了很大的力气才说服客户与她签订合同。但就在签订合同的时候，出了点问题，最后没能成交。当然，从客观上来说，问题更多出现在客户的身上，赵丽芬因此不断抱怨客户，埋怨他不早做安排。

结果，客户本来就因为交易没能顺利进行，心中郁闷不已，在听到赵丽芬的话后，心情更加糟糕，一个电话就投诉到了公司总部。之后，经理找赵丽芬谈话，赵丽芬觉得客户小题大做，故意刁难她，心头的火气更重，继续开始抱怨对方，而且说话越来越难听。经理看到这一幕，心想：你既没搞定合同，又影响了公司的形象，现在还不知悔改。

就这样，经理向上面汇报了这个情况，在得到允许后，直接辞退了赵丽芬。直到这个时候，赵丽芬才后悔莫及。

抱怨最大的"弊端"就在于，它总能给人带来负面的情绪，让人不自觉地沉浸在那些不愉快的经历中，却忽略了之后的行动。须知，人生在世，难免会遇到些沟沟坎坎，也无可避免地会遇到一些让我们忍不住抱怨的事。抱怨固然是一种发泄，能在一定程度上舒缓我们的压力。但比起抱怨，更重要的还是采取行动，努力将问题或矛盾解决。

另一方面，过分的抱怨还会传染，让我们身边的人也陷入这种负面情绪中，这就不利于我们着手解决问题。就像案例中的赵丽芬，如果她能少说两句，不但客户不会投诉她，那笔交易还有继续进行的希望。可她这一抱怨，让大家都不好受，自然而然的，客户就会有意见，公司方面也会对她产生不满，这种不满又进一步刺激她做出不理智的行为。

由此可见，遇到事情，我们不能只顾着抱怨。抱怨，对解决问题没有任何帮助，还会激化彼此的矛盾，让本就不容乐观的情势变得更加恶劣。面对问题和麻烦，我们要做的是努力改变结果、努力改善情况，推动事情往好的一面发展，这才是聪明的选择。

7. 如何缓解因完美主义而产生的焦虑

完美主义，在心理学上被定义为"关乎心理健康素质的重要因素"，通常被解读为"与现实情境相比，要求自己或他人有更高的工作质量"。简单来说，就是对自我有着过度的批评和过高的标准，以近乎苛刻的标准来约束自己。在我们生活中，这种"高标准"很多时候会导致一个人的回避行为：因为担心自己做得不够完美，所以干脆不去做。

从这一点来看，拥有"完美主义心理"的人大多是焦虑而紧张的。毕竟，生活中的绝大部分事情，我们不可能做到非常完美，或者说，这世界上也没有哪一个人，可以真正地做出一件完美的事。正因为达不到这个标准，所以拥有这种心理的人会长期处于焦虑中。

在畅销书《抑郁情绪调节手册》一书中，有这样一个案例：

比尔，是一位事业有成的律师，但他长期处于焦虑中，活得很痛苦。

他脑海里时常有着这样一幅画面：某一天，同事们看到他败诉了，就不会再尊重他，自己也不再有机会受理案子，之后，自己就会失去工作并且破产。接着，他的妻子和孩子将会离他而去，最终，他像乞丐一样流落在纽约街头……一想到自己有可能落到这个地步，比尔就十分恐惧。尽管在理智上，他也知道这一系列事情的荒谬之处，但他却不能把这种想法赶出脑海，反而整天被这种想法所困扰。因此，他生活得很糟糕，虽然经他过手的案子从来不会出错，但他还是很不高兴，他也从来没有机会放松一下。

不难看出，比尔是一个具有完美主义心理的人。因为这种心理，让他在对待每个案子的时候，总是投注了十二分的精力。不得不说，这对他的事业是有益的，最大程度上避免了许多败诉的可能，使得他的事业蒸蒸日上。但是，也是这种过于苛刻的心理，让他时刻活在一种不堪重负的状态中，长此以往，他势必会崩溃，难以为继。

完美主义心理，实质上是一种强迫型的人格障碍。早在18世纪，法国声望最高的启蒙思想家、作家和哲学家伏尔泰就说过："'完美'是美好的敌人。"生活中，我们很多人误以为"完美主义"是一个正面的词汇。其实不然，在更多的事件里，"完美主义"都是消极负面的。如果有人拿完美主义来形容我们，我们实在不应该感到高兴。

有一个女孩，大学毕业三年，先后找了10多份工作。其中有银行的工作，也有事业单位的工作，还有外企、国企的工作，每份工作都不差，但她就是干不长。

是她能力不够吗？当然不是。事实上，她在工作中表现得很好，每一次都是她自己主动辞职不干的。为什么会这样？用她自己的话来说，"这份工作不是我心中最想要的。"有人问她，到底想提升哪方面的能力，她回答说："我想全方位地提升自己的能力，比如人际交往能力、专业技能方面的能力、团队管理能力、创新研发的能力。"

朋友告诉她，"没有这样的工作，多数工作只能满足其中的一样或几样。"她却坚信自己一定能找到这样的工作，于是辞掉了一份又一份的工作，至今仍未稳定下来。

毫无疑问，这个女孩就是典型的完美主义者。对自己或外界的要求过高，哪怕稍有一点不如意，都会采取"推倒重来"的态度。或许，在某些工作上，怀着这样的态度是值得肯定的。但凡事要有一个度，超过了限度，这种"苛求完美"就不是好事了。

对绝大多数完美主义者而言，即使他们获得了事业上的成功，也很难从生活中获得乐趣，就像律师比尔一样。他们一生中的每一分每一秒，都是在小心谨慎、计较得失、自我批评和担惊受怕中度过的。他们总是在忙碌，很少有机会享受到放松的体验。

近年来，越来越多的研究表明，"完美主义心理"跟许多心理疾病是相关的，比如抑郁症、社交焦虑与社交恐惧、人格障碍、强迫症、进食障碍、身心障碍等等。完美主义情节越严重的人，他们在人际交往中越是内敛、孤僻，活得也越痛苦。在当今这个竞争激烈的时代里，我们很有必要克服这种心理，学会缓解因完美主义而产生的焦虑。

第一，改变对"完美"的定义：世界上没有真正意义上的完美，哪怕是最精确的圆规所画出来的圆，也不是绝对意义上的圆。华为创始人任正非也说过，他不追求完美，因为那样太累，达不到。因此，作为普通人，我们应该放下对虚幻"完美"的追逐。

第二，调整自己的心态，凡事从小事做起，只做合适的、对的就好，不苛求完美。比如吃完饭把碗洗干净收好，不必强逼自己一定要把碗洗得透亮；对待工作，严格按照上司的要求即可，不必把每件工作都干得让公司老总惊呼不可思议，毕竟这是不现实的。

"完美主义"并不是完美，它更多是负面消极的，给我们带来的也多是刺痛和伤感。很多时候还会拖累我们做事的效率，使得本应该完成的任务无法完成。我们可以严格要求自己，但不必以苛刻的条件折磨自己。想要成为一个心理健康的人，应尽量学会摆脱完美主义的桎梏。

8. 让忙碌代替忧虑

在心理学中，有这样一种理论：当一个人处于忧虑、焦虑乃至绝望状态时，可以通过忙碌来让自己"分心"，帮助人们走出忧虑、痛苦的阴影。

二战期间，美国芝加哥有一位家庭主妇，她的儿子在珍珠港事件后的第二天，加入陆军前往了一线战场。在起初的那段日子里，她整个人几乎精神崩溃了，每天茶饭不思，脑子里想的全是"他在什么地方"、"是不是已经和敌人交火了"、"他还安全吗"……

关于儿子的事情，几乎让她操碎了心，让她每天都活在恐惧和忧虑中，生怕哪天一起来就收到不好的消息。就这样，她的身体一天天消瘦下来，整个人显得很颓废。

丈夫担心她吃不消，带她看了很多心理医生，都没有效果，她始终放心不下儿子。最后连她自己也意识到问题了，决定改变这种状况。于是，她开始在家疯狂做家务，把所有的盘子拿出来洗了一遍又一遍，每天拖地十余次。但她发现，这种不费脑子的事，对她的帮助并不大。于是她就走出家，进入一家百货商场当销售员，开始了疯狂的销售员生涯。

渐渐地，工作上的事填满了她的大脑，诸如顾客的需求、产品的尺寸、价码、颜色以及时下流行的服装款式、商场的发展情况……在这种"忙碌"下，她反而迅速从之前那种"颓废"中恢复过来。几年之后，儿子安全归家，她自己也成了商场的中层管理。

哥伦比亚师范学院的教育学教授詹姆士·穆歇尔说过："忧虑最能伤害到你的时候，不是在你有行动的时候，而是在一天的工作做完了之后。那时候，你的思想会混乱起来，使你想起各种荒诞不经的可能，把每一个小错误都加以夸大。在这种时候，你的思想就像一部没有载货的车子，乱冲乱撞，撞毁一切，甚至自己也会变成碎片。消除忧虑的最好办法，就是让自己忙碌起来，去做一些有用的事情。"

萧伯纳说："人们之所以忧虑，就是有空闲时间来想自己到底快乐不快乐。"这其实说的就是"饱暖思淫欲"的道理了。当我们吃饱喝足了，有时间闲下来的时候，我们往往就有精力和时间去想一些跟生存无关的事情了。

当然，吃饱喝足之后的"淫欲"之想，与我们孤独、惆怅时的忧虑状态有所不同。前者可以说是一种基于"幸福"基础之上的想象，而后者大多是建立在悲伤、凄婉基础之上的负面情绪的发酵。因而这种忧虑、焦虑，常常会让我们感到痛苦。

想要远离这种忧虑，最有效的做法就是像案例中那位家庭主妇一样，让自己"忙碌"起来。一个人忙起来，就没时间和精力去感叹和瞎想了，自然忧虑就少了。正如约翰·考伯尔·波斯在他的《忘记不快的艺术》一书中所说的那样："一种舒适的安全感，一种内在的宁静，一种因快乐而反应迟钝的感觉，都能使人类在专心工作时精神镇静。"

不过，有一点需要注意的是，并不是说只要我们单纯地忙碌起来，就一定能够摆脱忧虑、焦虑等负面情绪。像洗盘子之类毫不费脑的活，即使我们没日没夜地干，也可能无济于事。因为在做这些事的时候，我们的大脑是"闲"着的，还可以胡思乱想。因此，从这里来看，要想摆脱忧虑，我们的"忙碌"至少需要一点深度乃至一点难度。

这样一来，最佳的忙碌方式莫过于我们的工作。试想一下，当我们感到焦虑、忧虑，对未来产生恐惧时，将我们的时间和精力全都投注到工作上去。一来，可以将我们的精力分流到工作中，从而帮助我们走出负面阴影的困扰；二来，也可以化悲愤为力量，在工作上做出一番成绩。说不定，我们还会因为这一段时间的努力，获得工作上的进步。

相反，什么事也不做，就让自己处于那种忧虑和焦虑中，一味地长吁短叹，这对我们个人而言，其实是一种极大的浪费和放纵。既浪费了我们宝贵的时间和生命，也是对自我的一种放纵。处于这种负面情绪的时间久了，我们就会变得敏感、胆小怕事，失去前进的勇气和重新再来的魄力。坦白说，一个深陷于忧虑而无法自拔的人是无法获得成功的。

总之，当我们染上了焦虑的不良习惯，不管遇到什么事情，总是先启动自己那根忧虑的神经，为事情的过程担忧，也为结果而担忧时，不妨尝试让自己忙碌起来。通过忙碌，让忧虑、焦虑等情绪从我们脑海中剥离，这样我们就能远离负面情绪。

9. 不要带着负罪感生活

心理学家认为，人类普遍都有一种"负罪心理"，也就是我们常说的负罪感。这种负罪感是一种比较主观的感觉，指的是当人做了一件自己觉得违反了自己良知的事情，在事后这个人往往会对自己的行为产生后悔或内疚的情绪，并在相当长的时间里，始终活在那种痛苦当中，无法自拔。因而有人说，负罪感是让人活得艰辛的罪魁祸首之一。

有这样一个故事：

有一天，一位女孩心血来潮，非要拉着男友开车出去玩。结果在路上出了车祸，男友把一个开电动车的轧死了，吃了官司。最后，男友不但坐了几个月的牢，背上了前科，还赔了受害者家属100万元。出狱之后，这个男的就向女孩求婚。然而，令人没想到的是女孩竟然拒绝了。于是很多人义愤填膺，指责女孩欺骗感情，丧尽天良。

其实，女孩只是觉得自己对不起男友，认为是自己的缘故，才害得男友损失了100万元，还背上了官司。强烈的负罪感让她不敢答应男友的求婚，只想逃离。

生活中，有很多人都是这样，因为觉得自己做错了事，从而产生了强烈的内疚情绪和负罪感，以至于逃避现实，始终活在痛苦中。其实，很多时候，这种负罪感是没有任何意义的。它既不能让我们抹去之前不愉快的经历，也不能让那个使我们产生负罪感的人感到开心。所谓"负罪感",只是让彼此都感到痛苦的东西罢了。

曾经在网上炒得沸沸扬扬的"江歌"事件,留日女大学生江歌被闺蜜刘鑫的男友陈世峰杀害。而在这个过程中,刘鑫被质疑拒不开门,事后不积极配合警方调查,因此受到各方舆论的谴责,人们认为她这种做法实在有失公允,也失去了人性,太过冷漠无情。

有人说,也许刘鑫此刻正活在痛苦和内疚当中。在这里,我们不去讨论刘鑫内心的心理活动是怎么样的,姑且认为她的确有一些负罪感和内疚心理。但我们需要注意的是,这种负罪感于她而言,于江歌母亲而言,于她被害的闺蜜江歌而言,都是无意义的。

首先,江歌已经被害,她的母亲现在也因为女儿去世,而变得孤苦无依,情绪崩溃甚至出现精神上的问题。刘鑫的负罪感,对江歌家的情况并没有任何正面的意义。

其次,无论她再怎么有负罪感,江歌不会因此复活,杀人凶手也不会因此受到感召,主动承认自己的罪行。

最后,负罪感只会让她永远活在失去闺蜜,见死不救等等负面状态。时间一长,不但会影响自己的生活,甚至还会牵连到家人,在更大范围内引发不愉快的事件。

因此,综合以上情况来看,比起负罪感,刘鑫更应该做也更值得做的事,反而是振作起来,积极配合警方调查,让杀人凶手早日得到应有的惩罚,还江歌和江歌母亲一个公道。这样一来,既能从某种程度上为闺蜜"报仇",也有助于自己从阴影中走出来。

负罪感，是一种混合了负面情绪和错误认识的痛苦感觉。有时候，我们过分夸大了事情的结果和别人的看法。不要让我们的想象力过分夸张，重新调整看事情的角度，学会评价自己的真正责任。

精神分析专家一致认为，负罪感介于正常与病态之间。负罪感发展到极端状态，会造成强迫症状，使当事人无时无刻不感到有罪。他们脑海里总是盘旋着"我有罪，我忏悔"、"我该怎么办，我就是个罪人"这样的想法。久而久之，这些人就会抑郁和压抑，有的人甚至会因此变得绝望，发生性格上的扭曲和变态。可以说，这是极度危险的状态了。

一个智慧的人，不会总是沉浸在过去的痛苦中。所谓"知错能改善莫大焉"，反过来说就是，"只有知道错误，并且改之，才能是善"。如果仅仅是端着"我错了，我忏悔"的心态在那里自怨自艾，这是荒谬而又毫无意义的，是不值得提倡的。那么，具体来说，我们应该如何远离负罪感呢？

首先，找到让我们产生负罪感的源头，尽我们最大的力量去纠正自己的错误。比如案例中那个女孩，她其实大可不必折磨自己，用自己剩下的生命去好好爱那个男孩，难道不比她一个人在那里痛苦，还让男孩和大家产生误会来得更好吗？有问题就要解决、有误会就要解开、有心结也要解开。只有这样，我们才能真正让自己获得自由。

其次，改变我们的心态，不要过分要求自己。人生在世，谁都会犯错误，我们没必要总觉得是自己害了对方，或是自己的原因才导致了对方的不幸。任何事情的发生，原因都是多层面的，我们所能起到的作用，永远只是其中的一部分，别把自己看太高。

最后，既然错误已经发生，我们不妨大胆承认自己的错误，并直面它，这样我们就能名正言顺地去改正错误，减少损失。等到我们将自己的错误弥补得差不多了，心中的负罪感自然就会减少，甚至消失。

第七章

消费心理，远离让你多花冤枉钱的陷阱

1. 沉锚效应——不知不觉中你已经被商家操纵了

沉锚效应，指的是人们在对某人某事做出判断时，很容易受第一印象或第一信息支配，就像沉入海底的锚一样，把人们的思想固定在某处。当然了，具体来说，"沉锚效应"的关键在于"锚定"作用，即人们倾向于把对将来的估计，和已采用过的估计联系起来。这是一种人类共有的心理现象，其核心是"第一印象"，在我们生活中普遍存在。

关于沉锚效应，有这样一个经典案例：

有一次，曹操跟关羽论及天下英雄，关羽就说起自己的三弟张飞，形容他"于百万军中取上将首级，如探囊取物"。曹操深知，关羽乃是当世顶尖的豪杰，必定不会蓄意夸大自己弟弟的本事，于是就将此事牢记于心中。

多年之后，曹操在荆州击败刘备，欲追上去全歼刘备人马，追到当阳时遭遇张飞，只见那张飞，凶神恶煞地堵住去路，一个人叫阵整个曹军，且看罗贯中的描写：

睁圆环眼，隐隐见后军青罗伞盖、旄钺旌旗来到，料得是曹操心疑，亲自来看。飞乃厉声大喝曰："我乃燕人张翼德也！谁敢与我决一死战？"

声如巨雷。曹军闻之，尽皆股栗。

曹操急令去其伞盖，回顾左右曰："我向曾闻云长言：翼德于百万军中，取上将之首，如探囊取物。今日相逢，不可轻敌。"

言未已，张飞睁目又喝曰："燕人张翼德在此！谁敢来决死战？"

曹操见张飞如此气概，颇有退心。飞望见曹操后军阵脚移动，乃挺矛又喝曰："战又不战，退又不退，却是何故！"

喊声未绝，曹操身边夏侯杰惊得肝胆碎裂，倒撞于马下。曹便回马而走。于是诸军众将一起望西奔走。

一个人焉能做到真正的"万人敌"，叫阵一整支队伍？即便张飞天生神力，丈八蛇矛勇武过人，也不可能凭借一个人的力量，战胜曹操的大部队。之所以会出现曹操驻足，吩咐左右不可轻敌，乃至夏侯杰肝胆碎裂这样的情况，实是因为关羽先前那一番话，将张飞形容得过于可怕，曹操又深信其为人，这才先入为主，以为张飞确有"万人敌"之能。

得到的第一手信息，直接左右、影响我们之后的判断，这就是"沉锚效应"。它对我们的心理影响是巨大的，生活中，商家就常常以此来操纵我们消费者的心理。

比如某商场新开了一家服装店，进了一批档次不错的女装。一开始，店主明码标价，顾客进来一看，心想：哟，这件外套300元啊，嗯，以我估计，它的成本在200左右，还不错。于是问老板："老板，200元卖吗？"店主心中想到：我250元的进货价，你这是让我亏本儿卖呢。

"不卖。"

于是，顾客转身离开了。一连好几天，光临的顾客都是这样的表现，店主灵机一动，就重新换了价格牌，新的价格牌上面写着两个价格，其中一个高达"600"，但被红线划了，另一个价格是"400"，是售价。顾客进来一看，"这套衣服以前卖600？布料还不错，现在是打折吗还是做活动……感觉应该还行，虽然不一定值600，但400还是可以的。"

就这样，顾客喜滋滋地买了一套他以为的"600打折400售卖"的衣服。

如今，我们生活在一个商品化的世界，"消费"已经成为我们生活中不可或缺的重要因素。掌握一些必要的消费心理学，可以帮助我们看穿一些商家的"小伎俩"，从而在一定程度上防止上当受骗，或是进行不理智的低价值消费。

我们之所以会被商家的"沉锚效应"所摆布，实际上都是源于我们有一颗"爱占便宜"的心。"苹果之父"乔布斯曾经说过：让顾客"占便宜"，而不要"卖便宜"。爱占便宜是人的本能，总想得到更实惠的，这样的心态不算坏，只要不太过分就好。

除了这种心态，最应该被我们重视的，就是"消费"这一行为中的心理学。就像故事中这位店主一样，通过将价格提高，使顾客在第一印象里产生"这件商品很贵，档次很高"的概念，然后再降价。这样一来，"沉锚效应"发挥作用，顾客就会情不自禁地将"降价"之前的价格作为衡量商品价值的一种依据，然后得出结论：自己占到了便宜。

正是这些微妙的心理效应，让我们在不知不觉中被商家所操控，还自以为占到了大便宜，进而出现一些不必要的非理性消费。人们常说"讲价逢中砍"，实际上就是为了剔除商家为了营造这种"降价"氛围，而故意制造的价格中的虚假成分。

可见，比起强行压制我们"爱占便宜"的本能，识破这些"心理学小伎俩"无疑是更有效的手段。

2. 稀缺效应——限时限量供应

中国有句古话，叫"物以稀为贵"，在西方经济学中也有类似的概念，叫"稀缺性"。同样，心理学上也有这样一种概念：稀缺效应。

所谓稀缺效应，指的是一件物品会因为它的稀罕程度，而拔高它的真实价值。体现在消费心理学中，就是"人们更青睐于稀少的、数量不多的商品，哪怕这种商品质量一般，人们也会乐意以高价购买。因为拥有这种商品，会让人产生一种荣耀和自豪。"

因而，在现实生活中，很多商家在销售商品时，常常会利用这种心理吸引顾客，比如"一次性大甩卖"、"跳楼清仓价，过期不候"、"某某人的手稿纪念珍藏版"……

每次商场有所谓的"跳楼大减价"、"清仓特供"或者是什么"纪念版先行"、"珍藏版限量供应"之类的活动时，郭凯丽就会特别兴奋。按她的话说，每当这种时候，推出的商品一定是好的。你问她为啥，她就会说："因为稀缺啊，相信我，这些商品都是限量的，过了这个点，你去其他地方有钱都买不到，赶紧买吧，不吃亏。"

有一次，她家附近的一个商场做活动，推出一种新颖的刀具，说是进口自某国的概念刀具，首发先行，只有两百套，该商场只有 50 套，每人限购一把云云……

郭凯丽看见后，兴冲冲地跑过去买了一把，还特地让闺蜜帮她再多买一把。结果，刀拿回家用了没几天，就钝得切不开肉了，想到自己花掉的几百元钱，看着刀桶里放着的四五把菜刀，郭凯丽心里直滴血：我怎么就那么冲动，信了那些该死的鬼话呢。

生活中，我们很多人就像郭凯丽一样，看见有什么"限量供应"、"过时不候"之类的商家促销活动，就会兴奋地以为发现了"宝藏"，也不深思熟虑就贸然买下对方的产品。等回到家，才发现自己买的东西并没有什么特别之处，完全是"信了商家的邪"，一时冲动后悔莫及，但下次遇到类似情形，还是会上当。

大多数消费者都是这样，对看上去有些"稀缺"的商品缺乏抵抗力，认为"稀缺的"就是好的，要赶紧买，不然就没机会了。商家正是利用这一心理，人为营造商品稀缺的氛围以诱导消费者。根据相关的研究表明：人之所以会产生"稀缺效应"这种心理，对"稀罕物"抱有较大兴趣。其主要因素有两个，一是"占有欲"；二是"攀比心"。

简单说起来，就是对一件好的事物想要占有，同时又希望自己占有的东西是别人所没有、所不能获得的，以此来显示自己的与众不同和品味。而"稀罕物"通常能满足这两个条件。甚至于，即使它不够"好"，不能满足前一个条件，但只要能满足拥有者的"攀比之心"，让拥有者在感官上胜过别人，觉得自己是特殊的，也能引起人们的兴趣。

一般来说，人们对"稀缺物"的定义有两个层面：第一是

"相对稀缺度"。比如许多书画家惜墨如宝，不滥画滥卖，明明有能力画十幅画，也只肯画一幅，为的就是保证自己的作品足够稀少。否则，张三拿着他的画，李四也有他的画，人们就会觉得他的画很多，很容易就能得到，不算珍贵。这就是相对稀缺度，不是因为少，而是被人为的减少。

第二种"稀缺物"就是真正意义上的稀缺物。比如杨过的玄铁重剑、英国女王头顶上的王冠、美国总统亲手炒的一盘西红柿鸡蛋……这些东西，任你外人如何仿造，人为因素如何控制，它的数量就在那儿，世上没几个人能拥有，这是真正的"稀缺之物"。

两种"稀缺物"，第二种我们不多说，可以预见，如果一个人能得到这些东西，那么他花一点比较大的代价，也是值得的。因为这些东西本身就有一定的非凡意义，得到它的确会给拥有者带来莫大的荣耀和好处。但是在我们日常的消费活动中，消费者所遇到的大多都是第一种，概念上的"稀缺物"。

很多我们看到的"稀缺物"，尤其是"稀缺商品"，其实都是商家们人为赋予的概念，其中最著名的例子就是房地产。网上曾有人总结了各家地产商的广告语：地段偏远的房子，就是"远离闹市喧嚣，尽享静谧人生"；郊区乡镇的房子，就是"回归自然，享受田园风光"；房子旁边有条小水沟，就是"上风上水，致富宝地"……

可见，商家只要略施手段，抓住商品的某一个微小的特征进行重点甚至夸张的描述，就能将普通的东西说成是各种"纪念版"、"珍藏版"、"精装版"。所谓的"今日特价"、"限量供应"，也都是营销策略。我们在消费的时候，一定要保持理智，仔细分析商家的这些小把戏。

当然，也不是说就此对"今日特价"、"限量供应"等等保持距离。只是告诫我们：在被对方的广告语吸引之前，在动手花钱之前，先想想自己到底用不用得着这些东西，如果确实有需要，那么趁着"打折"的时候买上一些必需品，是很划得来的。

但是，如果仅仅是出于"这是个好机会，不能错过"这种心理，买一些用不着的东西，那就没必要了，这说明你已经充分被商家操纵了心理。

3. 亏欠心理——免费的才是最贵的

心理学中有这样一种概述：人的心理有亏欠和被亏欠。比如当一群人在一起时，你给了某几个人好处或者跟他们打了招呼，而没有对全部人这样，那么，对于那些没能收到你"友好招呼"的人，你的心里就会产生一种亏欠感，很好的心情也会突然低落。

同样，在生活中也处处存在这样的现象。朋友给你带礼物了，你没有回礼，心里会觉得亏欠对方；某个人无条件对你好，让你受宠若惊，你也会感到亏欠。究其本质，"亏欠心理"是源自于一个人的善心，是一种美好品质。但是，如果不对这种心理加以控制，也容易使其成为他人掣肘我们的武器。

美国有一家销售日用品的百货公司，有一段时间，该公司的营业情况非常恶劣，在经过多方论证，请来多名营销大师出谋献策后，他们决定采用一种全新手段。

首先，他们将公司经营的产品，诸如厨房清洁剂、除臭剂、抛光剂等等，全都放到一个精美的袋子里，然后让员工将其送到各个社区，宣称这是新产品试用，不用花钱。只求大家免费使用后，可以给出改进意见，试用期结束，公司就会收回剩下的。

然后，所谓的"试用期"开始了，人们秉着不用白不用的心态开始使用这些产品，他们发现，这些东西质量还行，于是觉得自己占了该公司的大便宜，有些不好意思。等到试用期结束的时候，该公司的员工再次上门取回剩下的"试用品"，并征询"改进意见"时，大多数人都会选择购买一些产品，之后，很多人更是成为了该公司真正的客户。

原来，这就是大师们给出的建议：通过"产品试用"的噱头，让人们在不知不觉中掉入互惠原理的心理陷阱，使得他们在完成试用的过程中，产生心理负债感。最后为了平衡这种心理亏欠的感觉，人们就会或多或少地选些商品来向销售人员下订单。

生活中，很多高明的商家都在利用这种"亏欠心理"，引导和操纵我们多花钱。商家的这种操控是无形的，甚至会让我们产生心甘情愿的意愿，但是从本质上来说，作为消费者的我们，的确是被利用了。

不可否认，亏欠心理有其积极的一面，可以为人与人之间的交往带来人情味，以及包容和理解。但是，它也有其消极的一面。它会让自己活得很辛苦，处处在意别人的感受，久而久之，产生"厌世"心理，也会给他人带来压力，使其不愿面对我们。

另外，在现实生活中，我们也常常不自觉地受这种心理所摆布。就像案例中，那些使用了"试用产品"的人一样，被百货公司抓住这种心理，无形中被其操纵。

从科学的角度分析，亏欠感产生的根源主要有两个：第一，是觉得自己不够好。我们有"亏欠感"，是因为我们潜意识里觉得自己"配不上"对方的期待，这种对自身的否定，会让我们在得到他人的情感、或者物质付出时，产生"受之有愧"的不安感，为了消除这种不安，大多数人就会选择让自己委屈点，以弥补对方。

第二，是无法或者不愿承担责任。"这是我欠他的"，这句话经常出现在我们生活中，它的潜台词其实是：我对自己的人生做不了主，我无法对自己负责，所以，我把所有的动机都归到那个我认为我有所亏欠的人身上。如果我过得很糟糕，没有坚持自己的意志，也不是我的错，而是那个让我亏欠的人造成的。说白了，有种自暴自弃的意味。

因此，一个人产生"亏欠心理"的本质，在于彼此关系的不对等。一方占据了道德的制高点，另一方就容易丧失自己的立场、原则和方向，最终产生亏欠心理。比如商家通过各种方式，让消费者误以为自己占了便宜，使商家损失了一部分利益。如此，消费者就会觉得不好意思，就会对商家抱有一种"亏欠感"，继而以消费来弥补。

可以说，利用顾客的"亏欠心理"，是一种高超的"消费心理陷阱"，它更多地从我们的情感入手。很多时候，即使我们发现其中的套路，仍会心甘情愿地上当。让顾客对自己产生亏欠心理，这就是销售的互惠定律。那么，我们要如何克服这种心理呢？

第一，坚定立场。作为消费者，我们要始终明白，我们购买东西，必定是为了满足某种用途，可以是物质上的需求，也可以是精神上的需求。但不能是"为买而买"，也不能是"商家说可以买，我就买"。只要我们坚定立场，自然就能抵御这种亏欠心理。

第二，适当地保持一颗"冰心"。在"消费"这场博弈中，商家和顾客，就像两位正在博弈的棋手，双方各自会施展手段，力求从物质、精神上全面击倒对手。因此，在接受商家的某些"馈赠"时，作为顾客的我们不妨这样想：谁也不欠谁，这是我该得的。

4. 拆屋效应——如果拒绝大的请求，一般会接受小的请求

1927年，鲁迅先生在《无声的中国》一文中这样写道：中国人的性情总是喜欢调和折中的，譬如你说，这屋子太暗，想在这里开一个天窗，大家一定是不允许的。但如果你主张拆掉屋顶，他们就会来调和，愿意开天窗了。

有趣的是，在心理学上，也有类似的概念，那就是"拆屋效应"。即先提出一个很大的要求，接着提出较小、较少的要求，然后被提要求者就会试图与你协商、调和，最终答应"较小、较少"的那个要求。生活中，该效应常常出现在各种场合。

有一次，李顺林与同学一起逛街，走到一家新开的理发店。一名店员当即走出来，对他说："这位同学，我们店今天开业，聘请了资深发型设计师坐镇。我看您长得很帅气，不如进去让我

们设计师为您专门设计一款发型怎么样，也不贵，只要100元。"

李顺林连忙摇摇头，苦笑道："剪个头100块，太贵了，我剪不起。"

店员又说："其实已经很便宜了，我们这位设计师以前是给那些专业的T台模特设计发型的。他们一个发型几百，几千都有呢。这次也是我们店首次开业，老板才决定一折大优惠，图个喜庆。同学，这真是一个不错的机会啊，错过了很难遇到的。"

虽然店员说得很真诚，但李顺林还是摇摇头，说："不了，100块对我来说太贵了。"就在这时，店员突然转变口气，说："我理解了，那这样吧，您就进去洗一次头，或者我让其他师傅给您剪一个试试，您就当给我们捧场，如果剪得还行，您帮忙宣传下。"

李顺林心想：这个人的态度挺好，我刚才已经拒绝他了，他还是这么亲切地跟我说话，不如……剪个头试试吧，反正一般的师傅应该也不贵……

最后，本来没有剪头想法的李顺林，就这样稀里糊涂地剪了头。

生活中我们常听到这样的说法，如果你想找朋友借钱，那你千万不能太实诚，想借多少说多少。你应该这样做：本来只想借1000元，但你要对朋友说想借5000元，这样的话朋友通常会说："5000块？太多了，我只有1000。"

其实，这就是利用了"拆屋效应"。对大多数人而言，当他拒绝过别人一次后，内心会产生一种内疚感。这个时候，你若是再次提出一个较小的要求，对方就会为了弥补第一次拒绝所产生的内疚感，从而满足你的要求。"拆屋效应"是谈判必备的妙招。

从心理学的角度分析，一开始抛出一个看似无理且令对方难以接受的条件，故意让对方拒绝。但一个人通常不会一而再再而三地拒绝他人，所以再向他提出预期的要求时，这个人就会比较容易接受。也就是说，"狮子开大口"并不意味着不想继续谈下去，只是一种策略罢了，既有利于提高对方心里的舒适度，也能让我们迅速占据主动地位。

网上有这样一则案例，讲一名15岁的女孩儿给父亲留下一封信，说：

亲爱的爸爸，我在写这封信时，心中充满内疚和不安，但我还是得告诉你，我离家出走了。为了避免你和母亲的阻挠，我和男友兰迪必须私奔……

他身上文刺了各种图案，他的服装另类、前卫，他的发型独一无二。我和他之间不但难舍难分，而且，我已经有了身孕。兰迪说，他要这个孩子，以后我们三个人幸福地生活在一起。我想，我们肯定会幸福的，虽然兰迪的年龄比我稍大一点，42岁，但是在现今这个社会也不算太老，是吧？也没有什么钱……当然，兰迪还有好几位女友，但我知道他会以他的方式对我表示忠诚的。他说，他要和我生好多好多孩子，这也是我的梦想。兰迪认为，大麻不会对任何人造成伤害，我将和他一起种植大麻……爱你的女儿，罗丝。

读到这儿，父亲差点昏厥。这时，他看到另外几个字，"未完，见反面"。他慌忙把信翻过来，那里有几行字：

"另：爸爸，你刚才读到的都不是真事。真实情况是，我在隔壁邻居的家中，并想让你知道，生活中有好多事情比我的成绩单要糟糕得多。我的成绩单放在书桌中间的抽屉里，请你签上名，然后给我打电话，让我确信我可以平安回家了。"

在这个故事当中，15 岁的女儿就是利用了"拆屋效应"的心理。先对父亲提出了一个很离谱的要求，然后再告诉父亲事实真相。如此一来，有了前面的巨大冲击，父亲再看到后面的真相时，就会不自觉地想：女儿说得对，比起前面那些事，考差点儿算什么。

由此及彼，在我们日常的消费中，商家也通常采用这种方法来诱导我们。比如，先给我们来一套"全套餐"定制版介绍，一看价格贵得惊人，然后我们就会退缩，这个时候，商家再向我们推出一套"优惠版"、"打折版"、"经济实惠版"，此时我们就会觉得：这倒是挺实惠的，虽然没有刚才那套齐全，但好歹是差不太多的，又便宜。

作为消费者，很多时候，我们都会被商家的这种小伎俩所欺骗，先是被对方的漫天要价吓得提高了心理承受能力，然后又被突然而来的降价优惠所打动。其实，这都是商家故意这么说的，为的就是让我们产生内疚感，或者庆幸感，最终接受对方的销售。因此，在消费的时候，我们一定要擦亮双眼，保持平静的心态，切不能被商家牵着鼻子走。

5. 焦点效应——把客户的姓名记在心

焦点效应，也叫作社会焦点效应，指的是人们高估周围人对自己外表和行为关注的一种表现。具体来说，就是指大多数人往往会把自己看做一切的中心，并直觉地以为其他人对自己的看法是正面的，且评价极高的，以至于有时候因此产生了失真的认知。

比如，当我们进入一些高级场所时，接待人员会对我们说"欢迎光临"。虽然知道这是模式化的东西，但看他们明面上的表现，我们心里还是会感到很高兴、自豪，以为自己真的很受重视，很受欢迎。于是心底暗暗决定：以后没事常来，不能辜负人家。

这就是"焦点效应"在营销中最常见的手法之一：通过营造一种"你很受欢迎"、"你很受关注"的气氛，让身为消费者的我们，不自觉地高估自己，从而消费。

有一次，张洁玉在一家新开的美容店办了一张会员优惠卡。但只去做了一次，之后就忘记这事了，没有再去过。这样过了将近半年，她又一次无意地路过这家美容店，就走了进去。当然，她此时的想法仅仅只是"进去看看"。

然而，当她进门后，其中一名店员竟然对着她猛瞧，过了一会，就走过来，说："您是张女士吧，哎呀，您可是好久都没来了呢，你的会员卡快要过期了哦。前几天，我还在想，看能不能通知您一声，不要浪费了上面的优惠活动，怪可惜的呢。"

听到店员准确地叫出自己的名字，张洁玉心里十分激动，心想：没想到我自己都快忘记这家店了，他们还记得我，看来我还是挺让人印象深刻的。于是，怀着激动的心情，张洁玉坐了下来，再之后，她听起了店员的介绍。最后，本来只是想着路过，顺便进来看看的，结果她愣是做了一次费用高达 800 元的皮肤保养。当走出美容店，冷风一吹，冷静下来的时候，张洁玉突然后悔起来，那 800 元可是她这个月生活费的一半，就这么冒冒失失地花了。

生活中，我们很容易发现这样一个现象：当我们拿到一张与人合照的照片时，总是会下意识地搜寻自己的身影，并非常关注自己在照片里的形象；与人交谈的时候，也总是忍不住将话题扯到自己身上。这就是"焦点效应"：人都希望成为外界关注的焦点。

在日常的消费行为中，商家和服务人员，正是利用了我们的这种心理，采取各种各样的方式，力图让我们相信，自己是受到关注的。比如，当下每一个进入销售行业的新人，都会被告知："一定要记住客户的名字"、"记住客户的喜好"……他们之所以这么做，就是为了让客户看到：你看，我们并不只是想赚你的钱，我们对你是投入了真感情的。

很多消费者就是被商家的这种"小花招"给诱导了，被对方叫出名字，或是对方表现出对我们的高度关注。我们心里就会不自觉地想到：原来在他们眼中，我也是非常重要的人啊，既然他们这么给我面子，我也不能太"绝情"，先听听他们怎么说。然后，就这么一步步掉进商家的"圈套"，最后丧失立场，把"不买"变成"买"了。

通常情况下，在销售培训中，老师都会对学员这么说：在与客户第一次接触的时候，你和他谈论的话题一定是和客户有关的事。一进门，就要观察，观察客户喜欢的书，摆放的饰品，客户的衣服等等。然后在接下来的谈话中，慢慢将话题引导到客户自身。这样一来，就会让客户产生愉悦感，进而一步步软化他们的态度。

不可否认，被人关注的感觉是很暖心的。作为被关注的消费者或客户，我们当中的绝大多数人都会很受用。但是，我们也应该明白一点：大多数消费者都只是普通人，不是什么明星、政客，或其他公众人物，没有人会花过多的精力来关注我们。这些商家、服务人员这般对待我们，并不是真的关心我们，而是因为"有求"于我们。

因此，作为一名理性、成熟的消费者，当我们在面对商家所表现出来的关注和尊重时，应该坚定自己的立场，保持住一颗平静的内心。万不可因为对方的一句"欢迎光临，先生"、"女士，您长得真可爱，是我们所有客户中最美丽的"之类的话，就丧失自己的立场和坚持，进行不理智的消费。

试想一下，销售人员将"焦点效应"作为一种打动客户，拉近客户的制胜法宝，那么反过来，我们消费者也有必要采取一定措施，应对他们的"心理"花招。面对这些"以情动人"的"心理陷阱"，我们能做的不是一味反对，而是谨守本心，理智思考。

6. 权威效应——人人都喜欢认同明星、权威人士的意见

美国的心理学家们曾经做过一个实验：在一次给某大学心理系学生授课时，向学生介绍了一位从外校请来的化学教师，说这名教师是德国现今最顶尖的化学专家。听到这一惊人的身份，学生们表示很敬佩。这时，这名化学专家拿出一个装有蒸馏水的瓶子，说这是他发现的一种全新的物质，元素周期表上

没有，但有一种奇怪的气味。

接着，他就让学生们挨个闻这个瓶子，说："闻到气味的请举手。"结果，大多数学生都举起了手，这些著名大学的尖子生，竟然没能发现瓶子里的是水。

这就是心理学中有名的"权威效应"。与此类似的试验，还有古希腊哲学家苏格拉底用蜡做的苹果考验学生等等。其寓意就是我们常说的"人微言轻、人贵言重"，说话的人如果地位高、有威信、受人敬重，则所说的话容易引起别人重视，并相信其正确性。

陈云生是一个十足的权威信奉者，平日里买什么东西、做什么决定、有什么想法，都会从那些权威人士，比如某个大牌明星、自己的领导，或是其他精英人物身上寻找"灵感"。有时候，连看一场电影，他也会遵照那些专业影评人士的建议，根本不去想自己是否喜欢这部电影。因而，常常是女朋友自己看一场电影，他自己又看一场电影。

有一次，某位公认的敬业、人品好、不轻易代言的超级大明星代言了一款洗发水。网上的人都说，以这位大哥过硬的人品，足可保证这款洗发水的功效。于是，陈云生不顾女友的劝阻，兴冲冲地买了一箱这种牌子的洗发水，说以后洗头就都用它了。

然而，令他没想到的是，没过多久，这种洗发水就被爆出原料、工艺、质量全都有问题。一开始，陈云生还大肆指责这些人故意抹黑，但紧接着，国家工商部门介入调查了，很快该品牌的洗发水就被查出存在质量问题，以及有强烈的副作用。

面对这个结果，陈云生表示不能接受：怎么就有问题了呢，这不是那位大哥代言的吗？大家都说好啊，都说他的人品过硬，有保障啊，怎么会这样呢……

生活中，"权威效应"普遍存在。比如，老师和学生同做一道数学题，当两者得到的答案不一样时，人们更倾向于老师是正确的；又比如，领导和下属对同一件事发表看法时，人们更倾向于领导是正确的。

为什么人们会认为权威人士的话就是对的，就是有保证、值得信赖的？从心理学上来分析，主要基于两个因素：第一，人们有"安全心理"。即人们总认为权威人物往往是正确的楷模，服从他们会使自己具备安全感，增加不会出错的"保险系数"；第二，人们有"赞许心理"，即人们总认为权威人物的要求，往往是和社会规范相一致的。按照权威人物的要求去做，会得到各方面的赞许和奖励。相反，不遵照权威，就会被排斥。

就像几年前，苹果手机在中国达到顶峰的时候，当时大街小巷的人们都拿这手机。虽然这款手机价格高昂，不是所有人都能承受得起。但鉴于许多成功人士、精英阶层都说这种手机质量好，用着舒服。所以许多人盲目追随他们的脚步，无视自己的实际情况，出现了所谓的"卖肾也要买苹果"、"不苹果无手机"之类的宣言，闹出许多乱象。

"权威效应"容易让我们失去自己的思考能力，盲目跟随别人的脚步。想要成为一名理性、成熟的消费者，我们必须克服这种盲从心理。那么具体来说，我们可以怎么做呢？

第一，当商家试图利用"权威效应"来迷惑我们时，我们不妨先想想负面的例子。比如某些明星代言的不好用的产品；某些专家提出的滑稽的言论……通过这些负面的例子，让自己始终处在一个冷静的状态上：专家不一定是对的，教授也有错的时候。

第二，谨记一条"消费"的黄金法则：只买对的，不买贵的，也不买便宜的，更不买别人口中说"好"的。不管外界怎么鼓吹，如何描述，始终从自身需求出发。

总之，不轻信"权威人士"的话，不盲目跟随所谓的主流风潮，始终以自己的需要为出发点，这样一来，就能坚持自己的立场，不会轻易被商家的陷阱所捕获了。

7. 从众心理——大家都买了，我怎么能不买

在国外，一直有这样一个笑话：

一位石油大亨逝世后来到天堂，发现这里已经座无虚席，没有他的座位了，该怎么办呢？他灵机一动，大喊了一声："地狱里发现石油了！"这一喊，立刻惊动了天堂里的其他石油大亨们，他们纷纷向地狱跑去，很快，天堂里就只剩下他一个人了。

这位大亨正欲享受胜利果实，就在这时，他转念一想：不对呀，大家都跑了过去，不会这么巧吧，莫非地狱里真发现石油了？于是，他也急匆匆地向地狱跑去。

这则笑话其实指出了心理学中，一种人们普遍共有的心理：从众心理。即个人受到外界人群行为的影响，从而在自己的知觉、判断及认识上，表现出符合公众舆论的行为方式。简单来说，就是大家做什么，自己就跟着做什么。

生活中，商家常常利用这种心理，来诱导消费者消费。比如，通过广告的方式，营造一种"该产品很火爆"的假象；又或者找托来排队、抢购，使多数消费者误以为，现在流行这种商品。于是，不明就里、不知其中缘由的消费者就会疯狂地涌入。

有一次，吴雪丽和朋友一起逛街，偶然发现了一家新开的甜品店。奇怪的是，这家店的生意火爆得惊人。大冷天的，外面排起了二十多米的长龙。走近一问，原来都是等着吃这家店的招牌甜品。吴雪丽和朋友大感吃惊：新店就能做到这种程度吗？

两人怀着强烈的好奇和敬佩之情，也跟着排起了队。在她们想来，能被这么多人追捧和等待，肯定不会差的。于是，花了将近大半个小时，两人终于如愿以偿地买了两块不大不小的蛋糕。价格很贵，做工很精致，看来，这应该是一家走精品和高档路线的店面。两人这样想着，将蛋糕送入嘴中。结果发现，味道只是一般般。

吴雪丽和朋友很不解，为什么看起来那么火爆的店，做出来的东西却这么一般呢？凭这样的手艺，根本吸引不了那么多顾客。就这样，她和朋友每周都来一次，想看看这家店到底有什么诀窍。没想到，很快就被她们查出了真相。原来，这家店的老板心思灵活，花钱找了一些托来排队，让路过的人以为店里生意火爆，然后就会进店尝尝鲜。

在古希伯来人的神话中，有这样一个故事：一个放羊人赶着一群羊，当前面那只羊被赶入海中后，后面的羊也会跟着前面的羊跳入海中，根本不用放羊人驱赶。

别人做什么自己就做什么，盲目地随大流，认为大家都在做的事就是好的。这样的心理就叫"从众心理"。在绝大多数领域里，从众心理都会给人带来负面影响，会弱化一个人的思考能力，使其失去自己的立场。在我们日常的消费行为中，这更是容易被商家抓住和利用的弱点之一，会导致我们非理性消费。

比如，销售人员在推销产品的时候，经常会说："您放心啦，这款产品非常火爆，就连很多大明星都喜欢。就我们店，每天都要卖出上千份，真的很好用，你住哪儿？你们小区很多像我这样年纪的阿姨都超喜欢这款产品，买了好多……"这样的话术就巧妙地运用了人们的从众心理，使其心理上得到一种依靠和安全保障，提高了推销成功的概率。

又比如，当我们在网购的时候，总会习惯性地看"宝贝"的销量和好评指数。因为，通常意义上来讲，在只能看到产品图片的情况下，我们会认为，产品下面的评价越多，买的人就越多，这样就越有保障。店主就利用这一点雇人刷单，或刷好评。

社会心理学家阿希的"从众理论"指出，当群体人数增加至4个的时候，缺少主见的人更容易遵从多数人的意志做出判断。而当这个数量趋近于无穷大时，比如以整个社会背景而言，那么，百分之九十九的人都会不可避免地被人群的主流趋势所带动。

因此，一个智慧的消费者，他会格外警惕：当商家向他展现产品的种种"火爆"现象或证据时，一定不会轻易上当。给自己一点耐心，时间能够证明一切产品的真伪。如果是真正的好产品，必然会在相当长的一段时间里保持优势。反之，如果只是短暂的"火爆"，那就说明这其中必定有诈。

作为一名新时代的消费者，我们每天都在接收海量的资讯，什么招托衬托场面、请人狂刷好评、雇人排队营造气氛……这些"造势"的伎俩屡见不鲜。在这种情况下，我们更应该保持高度的警觉，不要轻易被商家的假象所蒙蔽。要学会理性判断一件产品的火爆到底是真的"火爆"，还是假把式。只有弄清楚这一点，才能有效避免盲目消费。

第八章

被骗心理，每个骗子都是心理学高手

1. 贪小便宜——小恩小惠布下骗局

坐地铁逃票、超市买东西多拿一个塑料袋、吃饭的时候多问老板要几颗大蒜……生活中，爱占小便宜，已经是一种司空见惯的现象。从心理学的角度分析，"爱贪小便宜"是人类普遍共有的一种无意识的原始冲动。

弗洛伊德认为，人有很多"无意识"的原始冲动，这些冲动与人类社会的道德规范、法律规范相左。"无意识"被压制在"意识"层面之下，但并未就此消失，而是千方百计地通过各种途径表现出来。"爱贪小便宜"实际上就是这种原始冲动的表现。

再则，人都有一定的占有欲望，这种占有欲望在每得到一次小便宜的时候，就会产生相应的满足感。为了追求这种满足感，人们也会无意识地在各个场合做出相应的行为。比如买东西的时候，即使价格已经很合理了，还是会忍不住讲讲价；又比如，得到了一定的好处之后，总还想着得到更多。基于这种心理，骗子常常利用其设下骗局。

几年前曾报道过这样一则新闻：

一些不法分子打着为居民提供免费医疗服务的幌子，在各公共场所或居民小区推销保健品、医疗器械，并以各种小恩小惠取得市民信任，最终达到骗财的目的。

张世伟的奶奶，就不幸中招了。根据老人家回忆，她接到了来自所谓的"中国保健协会工作人员"的电话，声称有关部门出于对市民的关心，为了让大家过个健健康康的新年，特意安排为中老年妇女免费体检，并明确表示，年龄不得低于45岁……

见对方说得煞有其事，老人家就相信了，心想着：反正是免费的，不看白不看，说不定还有什么小礼品可以拿呢。然而，令她们没想到的是，几乎每一个前来检查的人，最终都被查出"三高"、"慢性病"、"心血管病"……大家都慌了起来。

这时，"大白褂"们就开始劝诫她们赶紧买些保健品滋养身体了。最后，超过一半的被检查者买了保健品，张世伟的奶奶自然也买了。等到回家后，家人意识到奶奶可能被骗了，于是赶紧联系有关部门，才知道这个团队之前在其他城市也做过类似的活动，就是一场骗局。所谓的"保健品"，其实就是些奶粉之类的东西。

当下社会充满了各式各样的骗局，如传统的传销忽悠型骗局、"科技范儿"十足的网络信息诈骗骗局、还有各种合资回报型骗局……绝大多数骗局，都是建立在"利用人们爱贪小便宜"的基础之上的，以此诱导人们掉入陷阱。

通过比较分析，专家归纳总结发现，行骗手段多为以下几种：

骗术一："专家"在居民小区内进行免费检查，声称被检者血压高、血糖高等，建议你吃某某保健食品或购买某某仪器治疗。免费检查是假，推销产品骗钱是真。

骗术二：借壳蒙人。借用宾馆、影剧院、康复院等公共场所，请所谓的专家作健康医疗报告，把某些产品说得天花乱坠。并抓住市民特别是老年人的从众心理，安排几个人"现身说法"，让听众误以为确有其事，从而骗取大家的信任，然后乐滋滋地掏钱购买。

骗术三：诱饵钓鱼。利用部分老年人贪小便宜的心理，以组织外出游玩等手段，引诱大家购买"药品"，金额几百元甚至几千元。其实，买的都是些保健性食品。

由此可见，这些骗术中大多都隐藏着一个共同的套路：先给你一些小恩小惠，等到你上钩，对其充满信任之后，再进行忽悠，让你"大出血"。这一点不仅对老年人有效，很多年轻人也纷纷中招。比如网上经常传的各类招聘启事，说是无偿为大家提供工作机会，实际上，等到你咨询的时候，首先就让你交会员费，等到费用一交，对方就随便弄点东西糊弄你。结果到了最后，预想中的工作没了，还搭进去一笔不菲的"会员费"。

那么，世上骗局千千万，骗子也会与时俱进，不断改变自己的作案手法，面对这些隐藏在黑暗中的"怪物"，我们具体应该怎么做，才能有效避免自己上当受骗？

首先，与熟悉的人相处，总想占对方的小便宜，尚且会引起对方的警惕和反感，更何况是来路不明、又非亲非故的人？所以，碰到那些"天上掉馅饼"、"先给你恩惠"的人或事，不要高兴得太早，反而应生出警觉心，先想一想这有没有可能是骗局。

其次，要理性地问自己：这真的是我需要的吗？还是只是因为便宜，因为对方给我大的优惠，因为一时冲动……人有所需，方有所求，我们不能为了"得"而求。

最后，再问自己：为了占这个便宜，我付出了怎样的代价？比如等待的时间、潜在的各类风险以及被骗的可能、有时甚至违背了自己的良心等等，仔细考虑这些代价是不是值得的。

问清楚自己内心真正的需要，遇到恩惠先冷静冷静，给自己一点时间去思考，想清楚了，再决定是否接受恩惠，这样一来，就能在一定程度上保证我们做决定时是理智的，进而规避可能的骗局。

2. 不劳而获——天上掉个馅饼，正好砸中你？

世界上大部分的人都是懒惰的，懒惰作为人性的一种普遍存在，某种程度上来说，也促进了人类社会的进步。但是，进步往往不是由懒惰的人创造的，"懒"会催生出另外几种不好的心理效应，比如不劳而获、一劳永逸、一蹴而就、一无所求等等。

其中，"不劳而获"，是阻碍很多人成长进步的罪魁祸首。每天起床，就想着"天上掉馅饼"、买彩票中大奖，不去好好工作，这样的人通常到最后会吃大亏。

既然有人梦想"天上掉馅饼"，那么就有人想办法利用这种心理，编出种种谎言，设下种种圈套，让人们误以为真的是"天上掉下了馅饼"，从而上当受骗。

有这样一个案例：

一天，一位老人像往常那样出门晨练，在回家的路上，被一个行色匆匆的年轻人给拦了下来。老人好奇地看着年轻人，说："小伙子，看你走得这么急，有事吗？"

年轻人小心地看了看四周，低声说："我刚才在那边跑步，无意中捡到一条金链子，又粗又大，这下发财了。不过，我担心失主会很快找来，怎么样，老爷子，你要是有意，我可以卖给你，便宜一点儿也行。"年轻男子说话很快，看得出来，他有些着急。

老人接过金链子一看，心想：按这链子的大小和成色，市场价怕是在5000元以上，我且试试他。于是，老爷子给出了1000元的价格。年轻男子听后，喜出望外，说："老爷子，你真识货，好好好，就一千。"看着男子的表现，老人暗笑他年轻，不识真宝贝。

就这样，年轻男子拿着1000块钱喜滋滋地跑开了，老人也很高兴，觉得自己忽悠了一个"傻瓜"，以五分之一的价格买到了真宝贝，同样乐呵呵地回家炫耀去了。

然而，令老人没想到的是，当儿子看到金链子后，却告诉他，金链子是假的，那年轻男子很可能是个骗子。一开始老人还不信，直到后来，那个男子被警察抓到了，老人这才满脸羞愧，说："我就说，哪有那么好的事，白送我一件宝贝，真是晚节不保了。"

生活中，我们对骗子恨之入骨，常常会揭露各种骗术，以提醒自己或别人，莫要上了骗子的当。然而，每年依旧有数量庞大的人群，掉入骗子的各类陷阱之中。究其原因，就在于人的"懒惰"之心作祟，想要不劳而获。因而面对骗子的各种诱惑，才会失去理智，明知有可能是假，明知世上没有这么好的事儿，却依然抱着"试试"的心态上当。

比如前几年盛行的"中奖诈骗"，先是给你的手机发一条短信，或是给你的邮箱来一封电子邮件：恭喜你，你的手机号码/QQ号在本轮抽奖活动中，获得我们某某公司某某活动的一等奖。奖金一百万元，请速联系我们的颁奖部门，确认身份，领取奖金。

末了，对方还会温馨提示：请您务必保管好您的中奖信息及验证码，以防在领取奖金时给您带来困扰，引起不必要的纠纷。是不是很专业，很像那么回事儿？很多人会觉得有一点奇怪，然而，面对巨额奖金，很多人心动了，连带对方漏洞百出的谎言，也变得"专业"起来。

结果可想而知，有的人拿起电话拨通了那个号码，却被告知要事先汇入多少钱，作为领奖手续费。交完手续费后，还有各式各样的费用……最终，为了那"100万的大奖"，不惜把自己辛苦赚来的钱连续汇入骗子手中，还美其名曰"舍不得孩子套不到狼"。

世界首富比尔·盖茨，对这种"不劳而获"的心态是十分排斥的。盖茨夫妇曾表示，他们死后，只有几百万美元的遗产会属于自己的孩子，其他部分将捐给慈善事业。有记者好奇地问盖茨的夫人梅林达，难道不担心将来孩子们会因此而恨他们吗？

梅林达回答说："他们三人现在还小，我现在只能和他们谈谈吃的、穿的。将来他们肯定会得到一些财产，不过我们会等他们长大些再跟他们谈这个。我们相信，如果父母的教育得法，孩子们对待财富的看法不会和我们不同。"

比尔·盖茨认为，拥有很多不劳而获的财富，对于一个站在人生起跑点的孩子来说，并不是一件好事。

世上没有不劳而获的事。换位思考一下，你会无缘无故，将自己的钱给一个并不需要你帮助的人吗？答案是不会。同样，别人也不会把好处无偿地给你。因此，当我们在面对那些"飞来"的好处时，尤其需要警惕，先审视下它是否是场骗局。

3. 轻信——因"相信熟人"而放松了警惕

人都有一种心理：在面对熟人的时候，心中的戒备会不自觉地降低。比如，买东西拿不定主意，需要征求旁人意见的时候，熟人的建议往往比路过的陌生人的建议更容易得到我们的青睐，哪怕陌生人的建议更中肯。在我们心中，熟人是值得信赖的。

基于这种心理，我们在面对熟人，或可能是熟人的家伙时，总会有"智商降低"的表现。这就给那些居心叵测、图谋不轨的人创造了机会。所以，生活中有了"熟人作案"的先例。比如，某某的朋友趁着酒劲非礼朋友妻子、误信亲戚的话进了传销……

有一次，赵丽娜正在上网，突然发现 QQ 上有人找自己，而且一连发了七八条信息。她就拿起手机看了一下，发现是初中的好姐妹杨思洁发来的。大致内容是：娜娜，我最近跟男友闹掰了，从住处搬出来了，工作没了，快吃不上饭了，借我点钱呗。

熟悉的语气，熟悉的称呼，完全就是记忆中那个杨思洁。想到自己两人在初中的时候是那么要好，赵丽娜一时间也没有怀疑对方的身份。准确说，她压根没想过对方有可能不是她想的那个人，就回复说："这么惨啊，乖啦，安慰安慰你，说吧，要多少？"

很快，对方发过来一个笑脸，接着是一个数字："2000 元。"

掰着手指头算了一下，赵丽娜当即给对方转了 2000 块钱。然而，让她没想到的是，就在第二天，杨思洁本人就打电话过来了，说自己的 QQ 号被盗了，那个可恶的盗号贼正利用她的名义到处借钱。已经有几个朋友向她确认过了，她担心赵丽娜被"盯上"，就急急忙忙打电话通知她一声。听到这里，赵丽娜惊呆了，说："可我已经打钱了啊。"

根据相关研究发现，骗子最常用的利用受害者心理弱点的手法之一，就是"装熟人"进行诈骗。比如，通过街头偶遇，一口叫出对方的名字、家庭情况，让对方误以为两人是"相熟"的人，进而进行交流沟通、诈骗；又比如利用木马病毒盗取网友的 QQ 或微信，从而了解网友与各个好友之间的关系，从中分析出有诈骗价值的对象，抓紧时间学习和模仿，一旦发现哪天有机可乘，就假冒网友熟人的身份，编造各种借口向网友借钱。

很多时候，我们就是在这种毫无防备的情况下，被突然冒出来的所谓"熟人"接近、然后被套取信息，直至一步步掉进对方的陷阱，被对方所欺骗。

走在大街上，突然冒出一个人来拦住你，他不但能够叫出你的名字，还能说出你的家庭状况和人际关系。在这种情况下，别说是防备心不强的老年人和小孩子，就是一些在社会上摸爬滚打的职场人士，也难免会生出"这个人是不是跟我很熟"之类的想法。然后，就会软化自己的态度。

很多时候，人们就是因为相信对方是"熟人"，就放松了自己的警惕。比如，本来不想跟路边上的人搭讪，但是一看到或者想到对方是熟人，于是就耐着性子跟对方聊天，话家常。殊不知，正是在这种接触中，将我们的一些隐私信息泄露了出去。同时，对方也通过与我们的交谈，把握住了我们的情绪变化，进而一步步引导话题，引我们上钩。

从无数实际例子来看，那些诈骗犯的手段都在提示着我们：无论某些亲友跟自己多熟悉，遇到在短信、QQ、微信上向我们借钱的，都不要轻信。从安全的角度出发，最好直接打个电话，向对方核实清楚。

也许有人会说，熟人之间保持距离是不是不太好，会导致双方关系的生疏？其实恰恰相反，这样做更能维持和保护我们的关系。试想一下，如果因为我们自己放松警惕，没有向朋友核实情况，结果被人骗了。从内心来讲，我们是不是会不自觉地埋怨朋友呢？我们会想：如果不是因为相信你，我怎么会被骗？于是从此耿耿于怀。

同样，朋友也会想：都是我不好，因为我的缘故，让他受了这么大的损失，以后再见面都不好意思了。于是，朋友也开始有意疏远。可见，如果因为一时的"情面"而放松警惕，"轻信"对方，致使一些不好的事发生，最终伤害的还是彼此的情谊。

另外，如果朋友本就有心欺骗我们，我们因为轻信对方而蒙受欺骗，于我们自己而言，品尝到了被朋友背叛的滋味，以及物质上的损失，更有可能从此改变我们对熟人、朋友的看法；于对方而言，我们的"上当受骗"，也可能成为致使对方一步步堕落下去的助推剂。因此，无论从哪个方面看，因为"相熟"就轻信对方，都是贻害无穷的。

总之，在这个大数据时代，科技发展日新月异，骗子的手段也在与时俱进。为了保护我们自己的财产安全，也为了维护我们与身边之人的人际关系，始终保持高度警惕，紧守我们的心理防线，不被骗子抓住弱点并利用，是我们每个人都应该努力做到的。

4. 同情——善良也可能被利用

同情，是人类普遍共有的一种心理效应，它是在"同理心"和"爱"的基础之上衍生出来的一种心理。从科学的角度看：同情心首先是指对某事、某人的察觉与同情感，会对他们的不幸遭遇表现出怜悯和感同身受。同时，同情心又是一种才能，具有同情心的人，很容易与他人的感情发生共鸣。在人际交往中，同情心往往能有效打动他人。

但是，同情心也是我们大多数人的心理弱点之一。同情心泛滥，就容易滥情，导致感情纠纷剪不断，理还乱。更严重的是，骗子们很擅长利用这一点，人为地制造各种场景，来博取我们的同情，进而利用我们的善良行骗。

王云芳是一名富有同情心的女孩。有一次，她从家里赶到学校，刚下火车，就看到一位老太太拉着一名十岁左右的小女孩，孤零零地站在那里，用求助的眼神看着来来往往的行人们。据她们自称，她们是来城里玩的，但钱包丢了，没钱回家。

看着可怜兮兮的两个人，王云芳不做他想，就给了二十块钱。回到寝室，说起这事，室友们都说她被骗了。起初，王云芳还不信，直到一个月后，她再去火车站的时候，发现这人仍在那里，以同样的说辞博取路人的施舍，她才醒悟过来。

很多时候，在遇到这类事情的时候，我们大多数人都不会怀疑其中的真假，而是直接选择相信对方，进而同情心大发，伸出援助之手。殊不知，这一切的背后，很有可能就是一场骗局。说到底，善良也是有可能被利用的。

利用人们的善意和同情心行骗，往往是最令人痛恨，也最难以防范的。从人的心理本能层面上来讲，我们每个人都或多或少，拥有一颗悲悯之心。看见弱势的群体，以及遭遇不幸的人，内心会感到难受，会情不自禁地生出"帮他一把"的想法来。

骗子正是利用这种心理，人为营造各种惨状或不幸，以此来诱导我们伸出援助之手。这种行骗手段所带来的危害是极其严重的，会给整个社会造成极度负面的影响。比如，有的人被骗了，就会感到愤怒，觉得自己被玩弄，从此见到类似的情况，一概不理。久而久之，就会演变为当下的"老人倒地不敢扶"、"想做好事却担心被讹，反害了自己"……

毋庸置疑，一味地将那些弱势群体视为骗子，是不可取的，是以偏概全的，会导致那些真正需要帮助的人得不到关注。可如果不这样做，又容易让骗子钻了空子，最终导致我们自身的损失。我们应该如何防范这些利用人们的善良作恶的人呢？

首先，留心观察，细心思考。很多时候，骗子在营造博取同情的场景时，其实是有漏洞的，我们只需要细心观察，就能发现这些漏洞。比如，有一种常见的骗术：小女孩用粉笔在路边写上各种煽情的话，如"不慎钱包丢失，求好心人给 5 块钱回家"。

这个场景相信很多人都遇到过，但很少有人仔细思考：在如今这个粉笔不流通于世面的时代，一个丢了钱包的女孩儿，又是从哪里找到的粉笔？只要细细一想，就能发现，这一切都是女孩早已预谋好了的。可见，细心观察，在一定程度上可破骗局。

其次，要坚决相信党和国家。很多时候，我们之所以被骗子利用，就在于我们"不相信国家，不懂法"。比如，路边一位双腿高位截肢的可怜人，小音响一边唱，他一边向大家诉说自己的可怜遭遇。于是，很多人就抹着眼泪，给他送钱。

殊不知，像这样的重度残疾人，应该交由国家相关的机构，或是公益性质的组织来收容和管理。凭借我们一时的施舍是不够的，也无法保证对方不会在半路上遭遇打劫。因此，遇到这种人的时候，我们首先想到的应该是联系有关部门，而不是给他钱。

这样一来，如果对方是真的残疾人，我们此举就是真正帮到了他；如果对方只是假的残疾人，是骗子，那么遇到正式机关，不用我们揭穿，他自己就会逃跑了。

最后，提高警惕，谨记"防人之心不可无"。在我们多数人看来，一些特殊对象是不具有"杀伤力"的，如幼童、孕妇，怎么也不会是骗子。但之前有过案例：

一名女子自称是某地区的教师，有教师资格证，并且怀有4个月身孕，丈夫在本地出车祸急需用钱。一切看上去天衣无缝，但最终查实，她是一名流动行骗的惯犯。

面对这种特殊的骗子，多数人从心理上很难接受，不愿相信他们会行骗。这个时候，最好的做法就是报警，不管是不是真的，交给公安机关来处理是最好的。

人的善良是无价的，但骗子是可耻的。我们每个人都应该提高警惕，既不吝啬我们的善意，对需要帮助的人及时伸出援助之手，也要练就一双慧眼，将那些利用人的善意行骗的顽劣分子打回原形。如果因为我们的疏忽，让这些家伙得逞，既践踏了善良，也败坏了社会风气。但凡是利用善良行骗的人，我们绝不能给予他们任何宽容。

5. 侥幸心理——事情有点可疑，但万一要是真的呢？

侥幸心理，指的是无视事物本身的性质，违背事物发展的规律，违反那些为了维护事物发展而制定的规则。根据自己的喜好和需要来认知事物，期望其按照自己的意愿发展，但最后常常落得个事与愿违的结果。生活中，我们绝大多数人都有侥幸心理，妄图通过偶然的原因去取得成功或避免灾害，以至于被骗子、邪恶势力利用，害人害己。

付彩云参加工作三年了，她深刻意识到，如果不把自己的英语能力提上去，以后在事业的发展中会受到很大的限制。于是，她就利用业余时间，在网上报了一家英语培训机构的课程班，打算报考江苏的学士学位英语考试。

然而，由于工作太忙，学习进展并不顺利，无法抽出充足的时间复习。临近考试了，她自忖以自己的能力，怕是通不过考试，急得像热锅上的蚂蚁，愁闷得很。

就在这时，付彩云收到了一条消息，对方自称自己掌握了考试的内部资料，可以帮助学员高分通过考试。本来，这是十分明显的一场骗局，像这种规模的考试，怎么可能说泄露就泄露了。但付彩云此时无暇顾及其他，明知不妥，还是抱着侥幸心理，加了对方微信。她心里想着：虽然有些不妙的感觉，但还是决定冒险试试。

就这样，付彩云按照对方的要求付了 480 元，用以购买试卷答案的"使用权"，之后又交了 500 元作为保密费。再之后，对方又要求她交钱，她这才意识到，自己被人骗了。气愤不过的她当即报警。最后，这个犯罪集团被连根拔起。

生活中类似付彩云的例子数不胜数。很多时候，抱有侥幸心理，其实是一种信念的迷失，缺少对自我的坚持和控制。就像那些赌桌上的红眼赌徒，明知道庄家占了很大优势，甚至有可能出老千，作为散户的自己，是斗不过庄家的。但是为了翻本，为了虚幻的胜利，他们宁愿抱着侥幸心理继续赌下去，也不愿意正视事实，就此收手不干。

侥幸心理人人都有，只是有的人懂得克制这种心理，不让其膨胀，而有的人却轻信这种心理。都说"七分靠打拼，三分天注定"，这是踏实人的想法，而抱有侥幸心理的人，则是相信"三分靠打拼，七分天注定"。因为相信"天注定"，所以他们会想：也许我是与众不同的那一个呢，也许其他人运气不好遇到了骗子，但我遇到的是真的好人呢？

可以说，生活中有些人之所以上当受骗，关键就在于他们的侥幸心理过甚。在如今这个信息大爆炸的时代，各种骗术、骗局，其实早已被公开。比如各种电信诈骗套路、各种高额回报引诱你投资……这些东西早就被相关人士、专家和机构印制成书籍或是录制成视频传播，各大电视台也有过专项报道。但即便如此，每年依旧有大量的人在同一种骗局中上当。究其本质，就是因为他们都相信"自己是特殊的人"。

无视事物发展的客观规律，以主观的喜好和意愿来定义事情的发展，妄图以"自己是与众不同的"之类的借口来说服自己，去做一些明知道不太好的事，期望获得较好的结果，这就是典型的"侥幸心理"作祟。作为一个成熟、理智的人，我们应该极力避免这种心理。那么，具体来说，在实际生活中，我们应该如何克制"侥幸心理"呢？

第一，重视侥幸心理出现的原因，要相信科学，不要相信"玄学"。很多时候，我们之所以有"侥幸心理"，就是基于这样一种认知：这事吧，有时候还真说不准，万一老天爷保佑，就是有那个福气呢？

不可否认，世上的确有一些案例，明明看似不可能成功，但最后成功了。但这些往往是巧合的缘故，而不是什么"老天爷保佑"。但很多人受到玄学思想的影响，一遇到事情就幻想着"自己可能就是那个有福的人"，这种赌徒式的心理，太不可取了。

第二，不要过高地看重自己，相信客观规律的力量。几年前有过报道，一名建筑工人被钢筋穿透了头颅，最后竟然被抢救过来了。很多人都觉得不可思议，因为按照之前的类似例子，头颅受到如此可怕的重创，是很难活下来的，他算是一个奇迹了。

可见，大多数时候，人们还是对"客观规律"比较信服的。但很多人在遇到一些充满诱惑性的事情时，比如案例中付彩云这种情况，他们就开始"飘飘然了"。明知是套，但就是觉得自己是那个"奇迹之子"，旁人劝都劝不住，赶着去"送死"。这就是小觑了"客观规律"的力量，将自己看得太重。我们谁都不是这个世界的主角，不要过于高估自己了。

世事难料，我们谁也不知道明天的自己会怎样，但很多事情，仔细观察，实际上是有迹可循的。当我们发了财，身边觊觎我们财富的人就会增多，我们就要小心被骗；当有人无端向我们献殷勤时，就要意识到对方可能有所企图。不要抱有侥幸心理，自觉特殊，这个世上没有谁是特殊的，只有上当受骗与不上当的区别。踏踏实实，才是王道。

6. 犹豫不决——"耳根子"软的人最容易受骗

犹豫不决，是生活中一种很常见的心理。通常，有这种心理的人都很纠结，遇到事情不知道该如何做决定，总是在多个决策中徘徊。结果要么是随意乱做决定，要么是拖延下去，将事情拖得一塌糊涂。从心理学上来讲，这种心态的人，大多是心软、耳根子软的人。听到旁人的话，这个也想考虑，那个也想采用，最后乱了自己的分寸。

一些骗子尤其擅长抓住人的这种心理弱点，对其进行"忽悠"。比如，走在大街上，一个看着就像卖假药的过来向你推荐什么"大保健"、"养生绝品"。这个时候，果决的人大多会挥一挥衣袖，要么直接赶人，要么直接走人。而耳根子软的人，则会一步三回头，既想走人，又觉得不礼貌，就顺口回了一两句。于是，骗子就黏上来使劲儿说。最后，耳根子软的人就被对方说动了，心想：他都说这么多了，也很诚恳，我就信他一次吧。

有一次，麦金红和闺蜜一起逛街，忽然，在路过一家超市的时候，一个老奶奶走了过来，向她们售卖一些木质手工艺品，老奶奶的胸前还挂着一张残疾证。

闺蜜说："不要相信他们，这些人大多都是骗子，你想想，要真是残障人士，真是他们做的工艺品，人家相关部门不会负责销售么，用得着让他们冒险出来售卖？"

听到闺蜜这么说，麦金红觉得很有道理，于是就想转身离开。但看到对方可怜兮兮的样子，她犹豫不决的性子又开始发作了，觉得就这样离开不太好。就回头跟老奶奶解释："不好意思啊，我们还有点事，不方便，等会再说吧，我们现在要离开了。"

本来那个老奶奶看见她们要走，都已经准备找下一个人了，看到麦金红又跟她说话，当即神色一喜，不停地咿咿呀呀，还拼命把她的残疾证给麦金红看。这还得了，麦金红心里更加纠结了，总觉得周围的人都在看着她。最后，她只好花了50元买了一个吊坠。

然而，那位老奶奶刚一离开，旁边就有人说道："那姑娘真傻，那人就是个骗子，我都在这里看到她好几回了，有一次我还看见她开口说话了，扮的是一个瘸子。"

听到这里，麦金红感觉很受伤，闺蜜也说："刚才直接离开不就好了。"

犹豫不决，耳根子软，是一种不受欢迎的性格。有这种心理的人，往往做事拖拉，有强烈的选择困难症。生活中，许多女孩都无法容忍自己的男友是一个犹豫不决的人，觉得这样很没有安全感；在职场中，上级领导也不会喜欢做事犹豫不决的员工，老是在多个决策中徘徊，会耽误很多工作。相反，骗子很喜欢这样的人。

从实际情况分析，任何一场骗局，任何一个骗子，想要达到蒙骗受害者的目的，就必须跟受害者产生直接的或间接的交流。不可能一个眼神或是一个动作，就让受害者上当受骗。而在这个交流沟通的过程当中，语言沟通通常是最主要的方式。

犹豫不决，耳根子软的人，在这个时候就很容易给骗子创造搭讪和纠缠的机会，使其有充足时间，将自己精心准备的各类骗人的话术、套路一一使用出来。再加上犹豫不决的人本就容易动摇，意志不坚定，骗子说得好听，他们误信对方就理所当然了。

性子果决的人就不同了，在与骗子接触的过程中发现对方不对劲时，就会直接走人或是赶人。他们不会给骗子任何发挥"骗人能力"的机会，这样一来，哪怕骗子再精明、再会把握人心，也不容易攻破他们的心理防线。因此，从生活中上当受骗的实际例子来看，大多数受骗者都是犹豫不决，耳根子软的人，而性子果断的人相对不容易被骗。

那么，如果我们的性格属于这类情况：遇事容易纠结，害怕做决策，又耳根子软，听不得别人在旁边说我们，我们应该怎么做，才能克服这些心理弱点呢？

首先，调整心态，保持冷静，始终坚持之前的立场。当我们遇到第一印象就让我们感到不对劲、不安、不正经的人时，不要听信对方的话，始终保持冷静。人生何处不是朋友，即使对方不是坏人，我们错过了他也没什么，至少保证自己不会被骗。

其次，细心观察，理智分析，深入思考。正如我们前面所说，大多数骗子，不管他们把谎话编得多么动听，多么感人肺腑，只要我们始终保持一颗谨慎的心，细心去观察，理智思考，总能发现其中的蛛丝马迹，进而看破对方的层层谎言。

最后，要让自己的耳根子"硬"一点。生活中令人感动的事情多了去了，不是每件事我们都要为之哭上一整天，然后掏心掏肺，感同身受的。有句话叫：我同情你的遭遇，但还是要就事论事。不要因为对方说得煽情，就傻傻地相信，然后轻易放弃自己的立场。没有调查，就没有发言权。同样，在我们没有深入了解时，最好不要妄做决定。

7. 病急乱投医——神医不"神"，为啥总有人信？

生活中，"神医"的事迹总是屡屡出现。种种传闻，玄之又玄，好似神话故事，却又被众多"目击者"言之凿凿地肯定。

然而，现实是很多所谓的"神医"只不过是骗子，他们抓住人们的心理弱点，设计出一场场骗局，让"神医崇拜者"们掉入陷阱，最后被骗，损失惨重。

2009 年，海归博士兼上海复旦大学青年讲师于娟，由于被查出患上乳腺癌，从此走上了与病魔抗争的道路。当时，她才29 岁。出于对病症的恐惧，她和丈夫开始四处寻访所谓的"神医"。2010年，她从一位病友的口中，打听到了一名"神医"的消息。

没过多久，夫妇二人连同那位病友，还有其他几位同患此病的人，相约前往那位"神医"所在的深山。在那里，他们每人向"神医"交付了3.5万元的前期治疗费，之后就在"神医"的指导下，开始了所谓的"饥饿治疗法"，每天只吃中药，芋头和葡萄，如此坚持了40天。一开始，几人感觉还不错，但之后就开始陆续出现吐血症状。

众人很快意识到自己可能被骗了，连忙送患者到医院抢救。其中一名病友当场死亡，于娟也在医院待了几个月后，不幸离世。根据医院的报告，其实于娟的恶性肿瘤很小，还属于癌症前期，如果当初留在医院及时治疗，是有可能治愈的。但他们迷信所谓的"神医"，耽误了最佳的治疗时间，将原本的前期病症硬生生拖到了晚期，无药可救。

病急乱投医，不相信正规医院，反而四处求访所谓的"神医"和"偏方"，这样的例子屡屡发生在我们生活中。为什么会出现这样的现象？按理来说，在当下这个信息大爆炸的时代，那些"神医"的真面目本应该早被揭穿才是，可为什么还会有人因此上当？甚至其中还不乏一些有见识、有学历，且家境殷实的人！从各类报道来看，那些受骗者中，不乏身居高位、家底丰厚，学历高的精英人才，为什么他们会相信所谓的"神医"？

这其实是一个心理问题。从心理学上来讲，当我们无能为力，或者说陷入走投无路的绝境时，我们绝大多数人都会慌乱，然后开始失去理智和冷静，盲目寻找解脱之法。从这些上当受骗的案件中，我们不难发现，受害者大多都有一个共同的特点，那就是他们或多或少都患有隐疾、顽疾乃至绝症，这让他们无计可施，或是心生恐惧，急于康复。

当他们在正规医院听到这种病可能治不好，或是不好治，或是难以彻底痊愈时，他们就会"人心思变"，抱着试一试的心态，去尝试相信那些路边的野广告、神医。这个时候，再有一些骗子设计骗局，告诉他们，"你这个病啊，我能治，不要相信那些医生的鬼话，我前不久刚治好一位类似的病人，不信你去打听打听"……就这样，患者在绝望中看到希望，哪怕明知道这希望有些不靠谱，他们也会试一试，最后一步步落入骗子的陷阱。

纵观那些所谓"神医"的故事，总是惊人的相似。他们先是把自己包装成专家，然后靠出售畅销书成名，再贴上"一代神医"、"养生大师"等标签，最后再捣鼓出几条"成功治愈某疾病的案例"。于是，不明真相的人们就开始无意识传播，宣扬他们的"丰功伟绩"，然后，那些真正的患者就会慕名前往，以期自己能康复。

但我们仔细观察就会发现，这些"大师"、"神医"，几乎没有"真货"，最后都落得身败名裂。比如从包治百病的胡万林，到吃红薯的林光常，到吃茄子的张悟本，再到生吃泥鳅的马悦凌，这些"神医"们无不是沿着相似的走红路线，循环往复地上演闹剧。

但是，人们相信"神医"的现象，绝不会因为他们的"倒台"而有所减少。就在张悟本神话破灭还不到一年的时间里，北京就又出现了另一位"神医"刘封军。他利用一些养生的理论，运用"养"而非"治"的理念，去给人治病。打着"咨询"、"食疗"的口号，给一些疑难杂症开方子，什么绿豆汤，养生宝之类的，一股脑地给病人乱开乱用。

之所以会这样，就是因为这些"神医"抓住了病人的一个心理弱点：当他们在正规医院看不到希望时，就会抱着"死马当做活马医"的心态，好不容易看到希望，总要试验一下。毕竟，谁不希望自己健康呢。

正是基于这种心理，催生了一批又一批的"神医"，也造就了一批又一批的受害者。想要避免自己成为其中的一员，我们务必要了解这种"病急乱投医"的心理，然后不断在心中告诫自己：要相信科学，不要相信野路子。试问，如果对方真有这么神奇玄妙的话，那么他早就可以进军国际，获得诺贝尔奖了，又怎会在街头卖艺呢？

8. 自尊心强——高级知识分子也上当受骗

2016 年下半年，准大学生徐玉玉被骗一案引起了全社会的轰动，人们在强烈谴责骗子无良的同时，也不禁发出疑问：为什么高考将近 600 分的尖子生，这么容易被骗？是读书读傻了，还是骗子太厉害？就在人们试图寻找各种各样的答案时，再次曝出一则新闻，这次是清华大学一位教授，被电信诈骗的骗子骗走了 1760 万，顿时再度掀起狂澜。

为什么这些站在人类智商精英层次的人也会被骗，而且为数不少？据杭州警方统计，截至 2016 年，仅在杭州全市范围内，发生在学校内的网络诈骗，就达到了 1520 余起，占全市同类案件总量的 7.3%，涉案金额 1700 余万，受害者都是高级知识分子。

　　为什么会这样？高级知识分子接连被骗，到底是哪里出了问题？经过相关领域的反欺诈专家研究分析发现，这些人之所以被骗，很大程度是被骗子抓住了心理弱点。

　　2016 年 11 月 24 日，杭州退休大学教授陈女士，接到一个电话，对方自称是警察，说陈老师涉嫌拐卖儿童案件，已经被最高检察院列为网上追缉的逃犯。

　　这句话让陈教授急了起来，自己怎么会是逃犯呢，又怎么会拐卖儿童？极力想要自证清白的她，开始跟对方解释起来。之后，为了配合"调查"，她将自己的工作、家庭情况等等信息尽数说给对方听。对方还不断安慰她说："我们知道你是好人，不会做这种事，但可能有人冒用了你的个人信息，你的银行账户怕也不安全了……"

　　就这样，按照对方的指示，陈教授开始把自己的银行卡、电子账户等信息也说了，并遵照对方指示操作。幸运的是，这一情况被杭州反欺诈中心注意到了，察觉到她的通话记录有异常情况，该中心立刻联系了陈教授的家人、亲戚朋友和同事，同时追踪那个奇怪的号码。最终，在陈教授即将把钱转出去的时候，成功抓住了那伙假冒的"警察"。

　　从这个案例中，我们不难发现，骗子充分利用了高级知识分子自尊心强、重视名誉和体面的心理。随便用一个"罪名"就让受害者惊慌失措，极力煽动被骗的人自证清白：你看，我有正当的工作，我有钱，我没必要犯罪，我是冤枉的……

然后，在受害者手足无措的时候，这些骗子再提出所谓的"解决方案"。本就心神失守的受害者，乍一听这话，自然会降低警惕性，一步步被骗子牵着鼻子走。

作为社会精英，一旦有骗子向他们"泼脏水"、"安罪名"，他们就会发自本能地感到紧张和焦急，会害怕被大众所误解，于是不顾一切地证明自己的清白。然后，在这种失去理智和冷静的状态中，被骗子成功骗到，上演一幕幕"精英被骗"的戏码。

这一点是有事实根据的。根据杭州反欺诈中心，反欺诈专家总结出来的，骗子欺骗高校老师、学生最常见的几种套路，其作案手段并不复杂，大致就是以下几种情形：

"我是公安局的大队长，你涉嫌犯罪（或是漏缴各种税款、或是拐卖儿童、或是与境外反动组织有联系、或是发表了不利言论），请立刻配合我们调查……"

"我是法院的，你有一张拘留证，我们马上来你家……"

"我是老师，你帮我送个礼给领导，给这个账号转一笔钱……"

"我是淘宝做刷单的，你买这个东西，我给回扣……"

"我是你同学，网上买机票支付不成功，你帮我付一下……"

"我的游戏没钱了，你帮我充个值……"

"你要办小额贷款？先验证一下银行账户……"

"校长叫你去，有好事，你准备送个红包吧……"

如今，随着大数据技术的普及，信息泄露的现象越来越普遍。冒充公检法诈骗也就相对容易了很多，使得很多骗子得以成功冒充。对于这一类诈骗，确实很难防范。因为对于我们大多数人来说，通常对公检机构是没有警惕性和防备心的。

　　事实上，当我们急于证明自己的清白，防卫心理被调动起来而仓促解释时，反而给了骗子机会。面对这种情况，我们首先要做的就是让自己冷静下来，先想想公家机构的做事流程。如果有不懂的还可以网上查询或是直接拨打相关电话咨询，先弄清楚国家机关的行政程序，然后再判断自己是不是真的被叫去"配合调查"，这样就能免于被骗子主导。

　　更何况，如果我们本身就是清白的，就更不用急于自证清白了，要相信党和政府不会凭空污蔑我们。清白之人自然禁得住考验，我们只需静观其变。

第九章

爱情心理，恋爱受挫婚姻
不幸究竟是怎么造成的

1. 罗密欧与朱丽叶效应——逆境中爱情之火更炽烈

在《罗密欧与朱丽叶》中，男主罗密欧与女主朱丽叶的动人爱情，在恋爱故事中可谓首屈一指。两个原本世仇的家族，他们的子女却跨越重重障碍，相互爱上了对方，并至死不渝。无疑，这完美地诠释了爱情的纯粹，它是不受任何世俗压力和外部力量桎梏的。多少年来，多少痴男怨女将其奉为信仰。

有人说，他们的故事之所以这么动人，在于他们跨越了重大障碍，孕育了纯粹且激烈的爱情，能够引发人们的共鸣。然而若是透过心理学的专业角度来分析，则与大众的认知恰恰相反。他们的激烈爱情不是因为跨越了巨大的障碍，而是因为有了巨大的障碍才能燃烧得如此激烈。换言之，就是他们两家之间的恩怨，反而成全了他们的爱情。

这就是有名的"罗密欧与朱丽叶效应"：当出现干扰恋爱双方爱情关系的外在力量和因素时，恋爱双方的情感反而会因此得到加强，恋爱关系也因此更加牢固。

毛丽珠是一个个性分明的女孩，大学毕业后，她将自己的男友带回家，告诉父母，打算过两年就跟男友结婚。然而，父母嫌弃男友家庭条件不好，担心女儿嫁过去会吃苦，于是不同意这门婚事。知道父母的想法后，毛丽珠感到非常生气，她说：

"苦不苦是我自己的事，又不花你们一分钱，凭什么不允许！"

就这样，父母跟她闹了起来，双方言辞激烈，甚至采取了很多手段。但毛丽珠就是不肯屈服，反而在父母的一次次阻挠中，更加坚定了跟男友结婚的决心。最后，在没有通知父母的情况下，她毅然决然地跟男友结婚了，在两个人的努力下，还算幸福。

几年后，毛丽珠的父母也只能接受这个事实，面对记者采访时，两位老人说道："我们也没想到，她竟然这么坚持，甚至连结婚都不告诉我们。"

毛丽珠则是说："其实当时主要是被他们气到了，觉得他们不尊重我的决定，不相信我的眼光，觉得我是在胡来罢了。我不服气，心底憋着一口气，总想证明给他们看，我选的男人不会差。现在想想，如果当年没有他们的逼迫，我俩反而有点悬呢。"

是什么心理让这些被"棒打的鸳鸯"关系更紧密呢？美国社会心理学家布莱姆做了一个实验。他招来一批参试者，分别给他们两个选择，一个选择是带有强制性、逼迫性的；一个选择是自由、主动的。结果发现，人们更愿意选择那个自愿性质的选择。

然后，人们通过进一步研究发现，这种心理机制还会衍生为：当一个人被强迫着不去做某事时，他心里会生出强烈的抗拒和逆反心，从而"叛逆"地做那件事。对我们大多数人而言，都有这样一种心理：不想被人强迫着做事。你越想我做的事，我偏不做；你不让我做的事，我偏要去做。只有这样，才能显示出我的自由和主观能动性。

在青少年教育中，有一种"禁果效应"，说的正是这种心理变化。意思是：越是禁止的东西，人们越要得到手。就像上帝告诉亚当和夏娃，不要去偷吃禁果，但越是这么强调，禁果对两人的诱惑越是强烈，于是在两人眼中形成了"禁果更香甜"的认知。

在恋爱中，这种心理就表现在"越棒打鸳鸯，鸳鸯越相爱"上：当恋爱双方被强迫分开时，两个人都会产生高度的心理抗拒，这种心态会促使他们作出相反的选择，甚至会增加对自己所选择对象的喜欢程度。所以，我们总能看见，在各种电视剧、文学作品中，但凡想要拆散一对情侣，几乎最后都失败了，各种磨难和阻挠只会加深他们的爱。

罗密欧与朱丽叶、毛丽珠与男友，他们之间的忠贞爱情，实际上有很大程度依赖于这种"禁果更香甜"的心理：你们阻止我们在一起，那我们就偏要在一起；你们说我们不能相爱，那我就要看看，我们为什么不能相爱，相爱了又会怎样。在这种"对着干"的过程中，原本不够坚定的感情，也慢慢变得情深似海了。

基于这种心理，在现实生活中，当我们陷入恋爱时，应该保持理智。若是父母、亲朋好友向我们建议，说我们与恋人不太适合时，不要一味地排斥，更不要陷入这种"你越说，我越爱"的心理状态。而是应该理智、冷静地思考，与大家交流看法，弄清楚他们为何反对自己的这段恋情。想一想，自己会不会有感觉上的误差，两个人是不是真不合适。

有的人就是过于盲目，一听到有人反对，而自己又正处于热恋"掉智商"的状态，就不能好好说话，也不能客观看待这件事情，出于反抗，反而与对方爱得死去活来。结果，等到最后真正走到一起的时候，才发现两人之间的矛盾很多，却是为时已晚。

毋庸置疑，这样的恋情和婚姻，是冲动的，也是痛苦的。更可怕的是还没有后悔的机会。因此，我们不妨学一点恋爱心理学，让自己爱得更理智些。

2. 泰坦尼克效应——换个地方你还会爱上他吗？

有着"世界之王"大名的詹姆斯·卡梅隆，曾经拍了一部风靡全球的电影，为世人讲述了一场动人心魄的爱情，这部电影就是坐拥全球票房冠军多年的《泰坦尼克号》。在这部电影中，男主杰克是一个有着"画家"梦想的穷小子；而女主罗丝，则是一位上流社会的千金小姐，其父母更是传统保守，她还有一位资本家子弟的未婚夫。

然而，就是这样两个不搭边的人，却在"泰坦尼克号"上上演了一场绝世爱情。有心理学家分析过他们产生爱情的原因，除了有"罗密欧与朱丽叶效应"发挥作用之外，还在于特殊的环境，即"泰坦尼克号"的封闭环境助推了他们感情的发生。

换句话说，罗丝与杰克，从实际情况来说，的确是两个世界的人。若非有泰坦尼克号的存在，换了其他地方，他们两人很大概率不会产生任何情愫。但是由于泰坦尼克号的特殊环境，使得两个人得以相识、相知、相处，最后一步步产生美妙的爱情。

这就是恋爱心理学中，另一个著名的心理效应：泰坦尼克效应。其寓意为：在特定的时间点、特定的环境中所产生的爱情。这样的爱情也许很浪漫，恋爱双方也都付出了全部的真心。但是，它却是最容易被"现实"击溃的，因为从本质上来说，这种爱情就带有一点"孤注一掷"式的心理，一旦面临现实抉择，就很难延续。

有一次，李玮玮和同事张东晓一起出国考察，需要在那边停留三个月。由于他们到的国家正在发生战争，加上该地气候非常恶劣，物质条件又极度匮乏。因此，作为一名女生，初到"宝地"的李玮玮可谓吃尽了苦头，抵达的第一个夜晚，就被数量惊人的蚊子叮了满身的包，差点进医院。在之后的工作中，也是三天一次感冒，五天一次住院的。

在这个过程中，身为男子汉的张东晓，可谓忙前忙后，既要忙活自己的工作，还要连带顾着李玮玮的那份工作。下班了还要照顾李玮玮，端茶倒水、煮汤做饭，看着这个男人对自己嘘寒问暖的样子，李玮玮突然就动心了。

但李玮玮很清楚，张东晓的性格、三观，还有其他很多方面，都不是她喜欢的。她心中理想的男友不是这类人，如果任由这股情愫滋长下去，两人很难走到最后。可惜，想是这么想，李玮玮还是有些控制不住自己，想要跟张东晓表白，想要跟他在一起。最后，李玮玮知道不能再拖下去了，就干脆向公司申请回国，远远地离开了张东晓。

生活中，我们经常可以看到，一些女孩的感情来得太快。就因为和男人一起旅游了一次，或是一起出了一趟差，在期间受到对方的照顾，或是遇到了什么麻烦，对方伸出援手帮助解决之后，便认为对方很关心自己，心中就产生了依赖对方的念头，继而相恋。然而，结果大多是来得快，去得也快，过不了多长时间，就发觉对方不适合自己。

于是，在感受到失恋的痛苦滋味后，又开始抱怨"天下的男人没一个好东西"、"爱情是世上最苦的毒药"，甚至哀叹"老娘这辈子都不会再爱了"……女孩如此，很多男孩也是一样的情况。就因为和女孩在特定环境中相处了一段时间，就无法自拔地爱上了对方。可等到从那种环境中退出来后，面临现实的抉择，又不得不放弃这段感情。

其实，这完全是"泰坦尼克效应"在作祟，但是我们大多数人都无法意识到这一点。以至于在稀里糊涂中，开始了一段"错误"的感情，结果自然不会理想了。

在特定的环境下，特定的背景下产生的爱情，大多是冲动、临时的，当然也是最纯粹的。然而，这种纯粹的心动，是剥离了现实种种因素的思量后，根据身体本能做出的决定。一旦我们离开那种特定环境，就会涉及其他很多因素的考量。而绝大多数产生于"泰坦尼克效应"的爱情，恋爱双方根本没有想过，或没有能力解决现实问题。

武侠电视剧中，男主和原本是仇人的女主无意间掉入一个绝境之中，两人在经历了生死患难之后，各自发现了对方身上的亮点，继而爱上对方。但是，他们都很清楚，一旦从绝境逃离，他们又将是敌人。

电视剧尚且可以有一个美好的结局。但是把这样的情况换到现实中，却往往不尽如人意，就好比案例中的李玮玮和张东晓，他们虽然不是仇人，但却彼此三观不合。甚至就连李玮玮自己也清楚意识到，张东晓不是她心中想要的男友。在这种情况下，如果两人还坚持走在一起，而两人又没有足够的觉悟，愿意为了对方而妥协。那么他们之后的生活可想而知，很大可能会充满了矛盾和斗争。

爱情是美好的，但生活不只是爱情，婚姻更不能仅仅建立在爱情之上，我们需要多一点理智，才能使我们的感情更持久。因此，当我们遭遇到这种"泰坦尼克"式的爱情时，不妨先给自己浇点冷水。认真地去想一想：如果换一个地方，我们还会不会爱上彼此。如果这段感情需要我们付出很多，甚至是改变自己，我们还愿不愿意……

把这些问题想清楚了，我们才能理智而成熟地对待我们的爱情。也只有这样的爱情才能经受风吹雨打，不惧外力挑战，最终与对方步入幸福的殿堂，直到永远。

3. 美即好效应——初次交往不能仅靠外表判断

美国心理学家丹尼尔·麦克尼尔提出了这样一个概念：对一个外表英俊漂亮的人，人们很容易误认为他或她的其他方面也很不错。比如，在现实生活中，我们与人交往的时候，那些长得帅气、漂亮的人，总是能在第一时间获得我们的好印象和好评价。

这就是心理学上的"美即好效应"，其寓意为：根据已有的对别人的了解而对其他方面进行推测。从对方具有的某个特性而泛化到其他有关的一系列特性上，从局部信息形成一个完整印象，一好俱好，一损俱损。不难看出，这是典型的"以偏概全"。

但是，中国自古有句老话，叫"人不可貌相，海水不可斗量"。一个人长得如何，或者他某方面的能力如何，并不能决定他这个人是怎么样的。也许他长得美，却思想浅薄；又或者他能力强，却心如蛇蝎。长期抱有这种心理，会让我们形成错误认知。

战国的时候，有一个叫杨朱的思想家。有一天，他和弟子来到宋国边境，天气很热，就找了一家小客栈休息。不久，弟子发现店主的两个老婆很不一样，一个长相一般，在柜台上掌管钱财进出；一个长得很美，却干着洗碗拖地的杂活儿，令人很不舍。

弟子很不解，就问店主为什么要累着这么一个大美人。店主回答："长得漂亮的这个总是自以为是，不听管束，举止傲慢，所以就让她干粗活；另一个认为自己不美丽，凡事都很谦虚，我却不认为她丑，所以就让她管钱财。"

听完店主的话，弟子暗自羞愧，他只看到美女的美，却没看到她恶劣的性格。同样，他只看到柜台老板娘的普通，却没看到她一丝不苟和善待他人的优良品质。

可见，一个人的性格是复杂的，是由多方面特质综合起来的。如果我们仅仅从他的某一个亮点或缺点去肯定或否定他们，就会造成偏见。于对方而言是不公平的，于我们自己而言，这是不真实的认知。与人交往，尤其是谈恋爱，切忌以貌取人。

肖凯薇今年二十五岁了，还没有谈男朋友，家里人很为她着急，天天张罗着让她跟人相亲。拗不过父母的坚持，也实在不忍心见到两位老人家天天发愁，她还是顺从地参加了各种相亲会。有一次，一名长相非常普通，身材也有些发胖的男生跟她见面了。

本来，以她的审美，这样的水准是不入她眼的。只不过碍于情面，她不好当场走人，于是出于礼貌地跟对方聊了一下。没想到，这一聊才发现对方腹有诗书，才华满满，对很多事都看得分明、透彻。而且，从其言谈举止间，也能发现他有很好的教养。

肖凯薇心想：或许，他并不像他的样貌这般普通。抱着这样的想法，她决定和对方交流看看。一晃三个月过去了，肖凯薇彻底打消了之前的想法。她发现，这个男生很靠得住，做事有节有序，为人处事恰到好处，既不显得谄媚，又能透出一丝圆滑的意味。相处下来，肖凯薇感到很舒服，渐渐地，她就对这个男生动心了。

两人正式确立了关系，又谈了一年的恋爱，之后成功步入了婚姻的殿堂。婚后，这名男生始终对她关怀有加，也从不在外面拈花惹草，在她眼中，他越来越帅了。

生活中，我们经常可以听到这样的抱怨。比如"刚开始我看她长得漂亮，说话温温柔柔的，以为是个好女孩。没想到恋爱三个月，从来都是我关心她，给她钱花。从不见她关心我，还常常乱发脾气，这样的女人要来干什么……"又比如，"当初是觉得他长得帅、有气质，可光帅有什么用，又不顾家，又不踏实做事，成天游手好闲，遛狗逗猫，还要靠父母养活，简直就是废物啊。"

看错人，一直是恋爱和婚姻中最大的感情杀手。我们很多人都会哀叹："我当年真是瞎了眼。"其实，在这些哀叹和抱怨中，无不反映了一个事实，那就是：我们绝大多数人，都不知不觉地陷入了"美即好"的心理陷阱中去了。在初次与对方交往的时候，或为对方的身材、气质所打动；或为对方一流的口才而折服，却忽略了从多个角度去认识对方。在以偏概全的"残缺印象"下，草率地将一片真心托付给对方，自然容易看错人。

客观来说，"美即好效应"是一把双刃剑。在人际交往中，如果我们能够合理运用人的这种心理，将我们收拾打扮得"美美的"，就有利于给对方留下较好的印象，从而拉近我们与他人之间的距离，促进我们的人际交往。但是，当我们在面对别人的"美美的"攻势时，我们就需要清醒地意识到：这是他的表面，还需进一步了解其内在。

因此，不管是与人交往，还是与人谈恋爱，甚至是谈婚论嫁，我们都要谨记一点：不可以貌取人。哪怕对方长得再好看，也不能单纯地以为，他的性格和人品，乃至能力、教养，都能像他的容貌这样美好。想要收获真正稳定、成熟的爱情和婚姻，我们需要剥离"外貌长相"这层面具，从更深的层次去认人、识人。

4. 互补定律——构建有新鲜感的生活

在感情中，存在一种互补定律：指双方在需求、气质、性格和能力等方面存在差异，但当双方的需求和满足途径恰好成为互补关系时，可以在相处中相互吸引。

有这样一个故事：

从前，有两尊佛像，各自掌管一间寺庙。一尊是笑口常开，对谁都和善的弥勒佛，一尊是黑口黑脸的韦陀。弥勒佛因为热情快乐，人们总是喜欢到他的寺庙进香，认为更吉利。而韦陀的寺庙则是门可罗雀，异常冷清，因为人们认为他面凶，不够吉利。

有一次，佛祖与两人见了面，就说："以后你俩共同管理一间寺庙吧？"

两人不解，问为什么。

佛祖说："弥勒佛的寺庙人多，香火盛，但是不精于打理，各种事务一塌糊涂。韦陀虽然冷静思考、勤于管理，但招不来人。你俩各有长处和不足，正好互补。"

就这样，两人同管一间寺庙，弥勒佛终日笑口常开，喜迎八方客，不用为俗事担心；韦陀勤勤恳恳，不用为香客担心，两人都很高兴，寺庙香火也兴盛起来了。

可见，"互补"能够给对方带去他所没有的东西，而自己也能收获不同的东西。不管是在团队管理，还是在感情世界中，这种心理都是适用的。感情的相互吸引，主要取决于个性，而在现实生活中，通常跟我们个性截然不同的人对我们更有吸引力。

心理学家认为，人大多具有渴求互补的心理，对自己缺乏的东西，人们往往都有一种饥渴心理，而对自己所拥有的东西反而不太重视。因此，在恋爱中，如果我们能够带给对方独特的感受，让他领略到不同的风景，对方往往会对我们更痴恋。

网友"小楠妈妈"在网上发帖说：

我和我老公，能够走到一起，真的是全靠互补。

还在上学的时候，我妈就对我说："妮子，就你这脾气，以后怎么嫁得出去哦。凶巴巴地，稍微惹到你，你就要翻天。别说别人了，就连我都想一枕头闷死你。"

可没想到，我老公就是喜欢我这股泼辣劲。说我发火的时候特别可爱，他以前从没有过这种被人压一头的感觉，就想和我在一起。和我老公在一起的时候，不管我是刁蛮任性不讲理，还是撒娇耍赖打滚，他从来不会跟我急，会特别温柔地容忍我折腾他，所以，我们的感情特好。当然啦，我也从来不会真正去触犯他的底线。

著名心理学家荣格认为："互补定律"的存在，极大地影响着人们的社交往来和感情发展。他认为每个人都具有"显性"与"隐性"两种不同的人格。也就是说，一个看上去很活泼的人，可能潜藏着抑郁的一面；而一个安静的人也可能变得躁动不安。

因此，当我们遇见一个有我们"影子性格"的人时，内心会涌起愉悦感。因为对方体现出了我们所缺乏或压抑着的特质，这就是互补定律。人在性格、兴趣、思想观念等方面存在差异，当双方正好成为互补关系时，彼此也会产生强烈的吸引力。

比如在感情搭配中：支配型的人和服从型的人、热情健谈的人与忧郁沉静的人、脾气暴躁的人与稳重恬静的人，以上种种搭配往往更易结合，更能使得双方都感到亲近和舒服。研究表明，互补因素能增进人际吸引，使双方关系更协调，满足彼此需求。生活中比较常见的"互补"大致可分为两类：一是需要的互补，一是作风和性格上的互补。

第一，需要的互补。指的是个人的具体需要或优先需要，在特定条件下是不同的。就像案例中，"小楠妈妈"的老公，他对伴侣的需求就比较"奇怪"。在常人眼中是缺点的泼辣脾气，在他眼中反而成了可爱，或许这是他认知中"性感"、"有魅力"的一种。所以当他遇上"小楠妈妈"后，对她的这种泼辣脾气反而异常痴迷，任她撒娇。

　　第二，作风和性格上的互补。这种互补较之第一种，是更为理性与成熟的相处模式。比如，一个女孩性格内敛，不爱说话，但是做事一丝不苟、严谨认真。而她的男友正好与她相反：性格外向、敢闯敢拼、头脑灵活，但是做事马虎，有时候还习惯性地丢三落四。像这样的两个人在一起，既能相互弥补对方的不足，同时又能让两者的长处结合起来。像这样的恋人组合，不管是居家过日子，还是开创一份事业，都是非常值得期待的。

　　从这个角度来看，我们在考虑自身恋情与婚姻情况的时候，不妨尝试找一个与我们性格互补的人。既能通过彼此的不同，给各自带去神秘感和新奇感，保持爱情的温度，又能从彼此的身上学到东西，何乐而不为呢。当然，恋人相处、夫妻相处，除了互补，更重要的是相互理解和包容。只有将这两者相结合，两人的感情才会和和美美。

5. 相似定律——形成夫妻间的和谐

　　美国心理学家纽加姆，曾做过一个著名的心理学实验。他让17名互不相识的大学生共同住在一间宿舍中，对他们之间的情感变化过程，进行了长达 4 个月的跟踪调查。实验结果表明：在相识之初，空间距离的远近决定了彼此的亲疏程度；然而在实验的后期，那些在信念、价值观和个性品质上相似的人，在研究结束时成了形影不离的朋友。

这就是与"互补定律"相对应的另一个定律：相似定律。心理学上认为，性格是一个人对现实的态度，通过对事物的倾向性态度、意志等方面表现出来。两个陌生人，若能意识到彼此的相似性，更容易相互吸引对方。

龚雪菲之前谈过一个男朋友，但没过一年就分手了。分手的原因很现实，她是高校毕业的硕士研究生，还曾经有过一段留学的经历，而男友只是普通的专科毕业。

其实，龚雪菲本来不在意这些，在她看来，两个人只要真心相爱，又何必计较那么多外在的。更何况，她觉得他并不差，虽然只是专科出身，但凭借自己的勤奋好学，以及在职场上打拼的经历，早已让他成长为一名优秀的职场精英了。

然而，现实却给了她一耳光。虽然她没有这方面的心思，但男友心中却不这么想，始终有根刺，觉得双方身份不对等。经常有事没事就往学历这方面提，旁敲侧击，想要探听龚雪菲的想法。一开始，龚雪菲为了让男友心安，拼命强调自己不在意这些。

但慢慢地，她发现男友始终解不开这个心结，而且很多时候，还会借故对一些高学历人士进行冷嘲热讽，对她的一些看法观点抱以嗤笑。说什么"学院派""天真"、"脱离实际的空幻想"……说得多了，龚雪菲觉得男友一点也不为自己着想，太自私了。

就这样，两人矛盾越来越多，最终还是分手了。分手半年后，龚雪菲再次认识了一个男孩，这个人学历依旧没有她高。但这个男生比前男友自信多了，对许多事情的看法、观点，以及自身的价值观、性格等等，都与龚雪菲比较接近，两人在一起时轻松多了。

生活中，人们常常发生争论：在恋爱和婚姻里，两个人到底是性格互补好？还是性格相似好？两人互补，一个天真娇憨，一个心胸广阔，在一起会格外浪漫。两人相似的地方多，有共同语言，同样容易走进对方的世界，创造和谐的关系。

其实，严格说来，两者各有千秋，我们不必非要将它们比出个高低。结合现实生活，"相似定律"给夫妻、恋人之间带来的正面意义，是显而易见的。有道是"物以类聚，人以群分"，观念的相似，更容易使人产生喜欢，也更能使恋人、夫妻理解彼此。

相似，有一个最大的优势就是容易拉近彼此的距离。一对恋人、夫妻在性格、价值观等方面越相似，他们就越能理解对方，进而包容对方。这就好比我们常说的"不当家不知柴米贵"，上班的人不知道在家做家务的难处，而家庭主妇不知道上班之人在应酬上的辛苦。如果两个人之间完全没有一丝一毫的相似性，他们就很难理解对方。

从实际例子分析，我们能得出这一点：越是相处时间长久，感情越是稳定的夫妻或恋人，他们会逐渐趋同化。在生活习惯、思想观念等方面保持一致。将这一点体现得最淋漓尽致的，就是我们常说的"夫妻相"，即两个人相处久了，连相貌都会变得相似。

美国科学家研究指出，人的外貌特征与自己的性格是对应的，有什么样的外貌，就会有什么样的性格。当双方的个性相差太远时，虽然谈恋爱时会产生很强烈的吸引力，但结婚以后，这种差异太大的个性，就不容易让夫妻俩产生共鸣了。相反，如果双方的外貌特征、性格相似，婚后就容易找到共同语言。并且，夫妻一起生活的时间越长、感情越好，长得就越像对方。换句话说，一对走过漫长岁月的夫妻，他们必然会越来越像对方。

心理学上有一个心理学效应，叫"变色龙效应"。指的是，我们很容易去模仿别人，越是我们亲密的人，我们越容易模仿。在我们的成长过程中，我们在不断地模仿学习，年幼时模仿父母、老师、同学等等。等到了恋爱、婚姻中，这种模仿就会转移到我们的爱人身上，并且是包括了行为习惯、生活方式，乃至个人气质等层面的全面模仿。

因此，不难想象，我们与爱人的感情越稳定，相处的时间越长，双方的相似性就会越高。从这个方面来说，想要维持一段长久的感情，学会运用"相似性定律"，让双方具有更多共同之处，拥有更多的共同语言，无疑是一种非常有效的方法。

6. 幸福递减定律——为什么会有七年之痒

在经济学中，有一条"边际效益递减规律"。指的是：在一定时间内，其他条件不变的情况下，当我们开始增加消费量的时候，边际效用会增加，即总效用增加幅度大。但等到累积了相当的消费量之后，随着消费量的继续增加，边际效用又会逐渐减少。

举个简单的例子：

一名美国青年在非洲沙漠里迷路了，走了很久，又累又渴。就在这时，他面前出现了一杯纯净水。此时此刻，这杯纯净水在他眼中，价值是非常大的，他愿意用自己身上的金链子和名牌手表，甚至一切可以交换的东西来交换。一杯水，价值可抵千金。

等到他顺利回到美国，大街上随处可见卖水的商店，公园里还有免费的、甘美的自来水可以饮用。这个时候，再给他一杯水，让他拿东西来交换，别说是金链子，很可能让他拿出自己珍藏多年的一张动画卡通人物形象卡片，他都会嗤之以鼻，觉得不值当。

这就是"边际效益递减规律"，简单来说，就是一样事物在人们极度需要或初次接触的时候，它的价值是巨大的。但是等到人们拥有的这种东西越来越多、越来越常见时，它的价值就会大大降低，甚至沦为一文不值的玩意，被人随意地抛弃。

这种规律是事物发展的客观规律，不仅存在于经济领域。在我们的生活中，这种现象也随处可见，尤其是在婚姻领域。"七年之痒"就是最典型的表现。

一对夫妻，刚结婚的那段日子里，可能相亲相爱，相敬如宾，起床睡觉都会说一声"我爱你"。可当几年的时间过去了，哪怕每天回家依然会给对方一个拥抱、一个问候，但由于这样的日子实在是太久了，已经失去了最初的新鲜和刺激感，只剩下麻木。每次的拥抱总感觉像是公式化的表演，没了过去那份激情与感恩……

这段时间可长可短，但根据生活中无数实际案例来看，大多集中在七年左右，于是就有了"七年之痒"这个词。"七年之痒"是一个舶来词，源于1955年美国著名影星玛丽莲·梦露主演的一部电影。大概讲的是一个结婚7年的出版商，在妻儿外出度假的时候，对楼上新来的一位美貌小明星产生了不该有的想法，进而想入非非。在这个过程中，他的道德观念和自己的欲望不断冲撞，最终他做出决定：拒绝诱惑，立刻赶到妻儿的身边。

如今，"七年之痒"常用来形容感情和婚姻方面出现的问题。根据心理学家的相关研究发现，人们出现这种心理的原因与"边际效益递减规律"类似。都是源于"效益的规模逐渐扩大，超过了人的需求，使其重要性、迫切性，及被需要的程度降低了"。表现在感情中，就是人们的厌倦心理在作祟，也就是所谓的"审美疲劳"。两个人在一起久了，难免会出现烦躁、无趣的心理，进而滋生出一些其他的想法。

"七年之痒"是绝大多数婚姻都会遭遇的一场危机，轻视它，我们的婚姻轻则经历一场风波，严重的甚至还会就此走到尽头。因此，深入了解"七年之痒"的成因，然后学会应对，这是我们每个结婚之人应具备的能力。

那么，面对"七年之痒"，有哪些方式是我们可以借鉴的呢？

第一，在婚前就开始预防，做好心理准备，用理性的目光对待未来的婚姻生活。据权威部门统计，出现问题的婚姻中，当初草率结合的比例很大。很多人抱着对婚姻的种种美好期待步入婚姻殿堂，却很少去考虑结婚后的酸甜苦辣。以至于结婚后无法容忍这种与期望不太一样的生活，想结束这段婚姻。

像这样的婚姻，之所以失败，往往是因为结婚双方当初过于草率，对婚姻生活抱有过高期望，而无视了婚姻的本质。因此，建议大家在结婚之前，先考虑清楚，与对方过一辈子，是不是自己想要的，未来的种种，彼此是否能够风雨同行。想清楚了这些问题，再结婚，那么在遇到各种问题后，我们事先就会有心理准备了。

第二，多为对方付出一点。在婚姻中，总是想着"你应该给我带来什么的人"必定是不会幸福的。婚姻的意义就在于，两个人一辈子。这种"一辈子"，需要的是两个人的共同付出，你为我付出，我也为你付出。单方面让一个人付出的婚姻很容易走向破碎。

第三，给彼此留下足够的私人空间。很多婚姻之所以走向灭亡，在于两者靠得太近了。加上工作、生活的压力，这种"熟悉"只会让彼此失去激情。同时，两颗心靠得太近，也会让对方感到不自由、不自在。

一段健康的婚姻，应该是彼此给对方留下足够的私人空间。让他或她有自己的朋友、自己的交际圈、自己的事业。只有这样，两人才能在对方眼中始终保持神秘感和新鲜感。而这些，正是维持一段长久爱情的必需品。最后，婚姻的危险期，是一个无从考证的期限，有的人是七年，有的人可能更长，或者更短。

婚姻，靠的就是不断解决问题。我们要做的不是坐等"七年"的到来，而是从细节处做起，让对方感到更舒服、更自在。这样，即使遇到危机，也能迎刃而解。

7. 情绪效应——夫妻之间的情绪最微妙

情绪，是人体最奇妙的反应之一，集合了生理现象与心理效应，对与人相处、思考问题乃至看待世界都会有着巨大的影响。因此，在心理学上又有"情绪效应"的说法。指的是，一个人的情绪状态，可以影响到他对某一个人的态度及今后的评价。

在西方，流传着这样一则寓言：

一天早晨，死神过境，前往一座城市，于半路上被人发现。这人就问他："尊敬的死神阁下，不知道您这是要去哪里呢？"

死神答："前方有座城，我要去那里带走100个人。"

这人就说："哦，这实在是太可怕了。"

死神答："没办法啊，这就是我的工作，我必须这么做。"

于是，这人离开死神，先一步赶到那座城市，提醒他所遇到的每一个人："请务必小心啊，死神即将赶到这里，并且带走100个人。"

第二天早上，这人在城外又遇到了死神，他带着不满的语气，问："昨天你告诉我，你要从这儿带走100个人，可为什么却死了1000个人呢？"

死神平静地说道："我从来不超量工作，其他900人，不是我带走的，而是恐惧和焦虑带走了他们。"

在非洲草原上，有种叫吸血蝙蝠的生物，它们身体极小，只以少量的鲜血为生。这种生物常常攻击野马，附在它们身上吮吸鲜血，野马常常在这种攻击中无奈地死去。

原来，每当蝙蝠咬住野马时，野马都会非常狂躁地奔跑，它们上蹦下跳，却无法摆脱蝙蝠的吸附。结果，野马最后要么力竭而死，要么因为过度狂躁和恐惧而死亡。

类似的例子还有很多，比如古代阿拉伯学者阿维森纳，也利用两头羔羊证明了，生活在安全环境的小羊快乐地成长，而旁边拴了一头饿狼的小羊，在恐慌中死去。

动物如此，我们人也是一样的。生活中，有很多"暴躁老哥"，遇到事情特别容易狂躁。本来只是小事，但他们偏偏气得不可开交，又是自扇耳光，又是摔东西。有的甚至还会轻微自残，或者犯下大错。这就是所谓的"野马结局"。

可见，情绪是生物的一种生理与心理反应的集合体。过于负面的情绪，往往会给我们带来不好的结果。如恐惧、焦虑、抑郁、嫉妒、敌意等负面情绪，更是一种破坏性的情感，长期被这些心理问题困扰，就会导致身心疾病的发生。而在我们的婚姻中，情绪更是潜在的危险因子，如果我们不能很好地处理它们，就有可能对我们的婚姻造成破坏。

经过婚姻专家多年的研究，总结出了六种最容易"逼死"婚姻的情绪：

第一，冷战情绪。在婚姻中采取非暴力不合作，相互不搭理的相处方式。遇到问题既不解决，更不解释，像小孩子一样赌气，这种情绪是婚姻关系的杀手之一。一次两次，或许还能在之后修复感情。但若是过于频繁，就会导致夫妻的感情变淡。有话就说，千万不要搞什么"冷战"。

第二，懈怠情绪。很多人在恋爱时期，为了讨好对方，会在很多方面注重自己。比如穿着、个人卫生、做事的态度、上进等等。然而，等到结婚后就不再重视了，任由自己变得邋遢、放纵、不讲卫生。结果，在一起的时间长了，双方都对彼此感到无趣，甚至是厌烦。这样的情绪是不可取的，在婚姻中，永远不可懈怠。

第三，苛责情绪。很多人的婚姻之所以不幸福，就在于他们过于苛责对方，喜欢对爱人的一些行为或生活方式指手画脚。自以为是为对方好，其实，这是一种"苛责待人"的负面情绪。长此以往，对方会觉得跟你在一起很累，不自由，进而想要离开你。

苛责引发了厌烦、赌气、冷战或是吵架，那夫妻间的情感就会陷入恶性循环。夫妻之间即使是批评，也要讲究方法，不要损伤对方的自尊，否则，只会适得其反。

第四，计较情绪。情感是一种具有平衡效应的东西，当你要求在婚姻中做到等价交换式的公平时，就会发现自己处处遭遇"不公平"。情感本身就意味着付出，计较太细，就容易陷入"为什么我付出这么多，却得到这么少"的疑惑，进而引发心态问题。时间一长，就会看对方不顺眼，对方也会觉得你"太势利"，最终导致婚姻的破裂。

第五，厌烦情绪。现代生活压力大，房子、车子、孩子教育、还有父母赡养……很多人因为生活压力过大，导致心态发生变化，对爱人产生厌烦情绪。比如"你为什么这么穷"、"你为什么不是富人"、"我怎么就跟你结婚了"等等。这种厌烦情绪是很伤人的，婚姻中一旦有一方对另一方感到厌烦，那么，哪怕他们有着多年的感情，最终恐怕也只能落得个黯然收场。

第六，猜疑情绪。不信任对方，总是觉得对方跟旧爱还有联系，或是在异性关系上不检点，又或是不相信自己。相互猜疑，是绝大多数失败婚姻的罪魁祸首。

在婚姻中，夫妻之间的情绪最为微妙。很多时候，可能恋人的一个情绪反应，就直接体现出了对我们的希冀、爱恋、依赖，又或是不满、失望，伤心乃至厌烦。想要夫妻之间多点和睦，少些争吵，我们需要对这些情绪变化有所了解，读懂对方的讯号。

8. 近因效应——给我们的婚姻"保鲜"

生活中，我们不难发现这样一个现象：当多种刺激一起出现的时候，人们印象的形成主要取决于后出现的刺激。即交往过程中，我们对他人最近、最新的认识占了主体地位，掩盖了对他人以往的评价。在心理学上，这种现象被称为"近因效应"。

肖琳琳与李潇潇是小学、中学乃至大学的同学。进入社会后，她们也始终保持联系。可以说，从很小的时候，两个人就是非常要好的朋友了，对彼此也非常了解。可是最近一段时间，李潇潇因为家中闹矛盾，心情十分不快。有一次，在与肖琳琳说话的时候，忍不住大动肝火，让肖琳琳很受伤，觉得李潇潇以前对自己的好都是装出来的，现在原形毕露了。于是乎，肖琳琳就这样跟李潇潇疏远了，最后两人更是形同陌路。

在人际交往中，近因效应常常体现在"熟人"关系中。由于最近的某一信息，使过去形成的认知或印象发生了质的变化。

比如，一个我们熟悉的，过去很不起眼的人，发明了一个了不起的东西，使我们突然对他刮目相看；再比如，我们的"铁哥们"做了一件对不起我们的事，从此就成了"老死不相往来"的对头。这其实就是"近因效应"了。

所以自古就有人说："好人一辈子，临死只做一件坏事就被唾骂；而坏人一辈子，临死只做一件好事就被赞誉。"说的就是人们习惯性地用近期的信息去评价一个人，而容易忽略过去的表现。也许这显得有些不念旧情，但是却符合了人们的心理规律。

为什么会出现这种心理？根据心理学家的研究分析认为在人的知觉中，如果前后两次得到的信息不同，中间又有无关的事务把它们分隔开，那么后面的信息在形成总印象中起的作用更大。这跟人的"记忆"规律有关，前后信息间相隔时间越长，后发信息就越明显。原因在于前面的信息在记忆中逐渐模糊，从而使后发信息在短时记忆中更为突出。

因此，从这一点来看，在"熟人"相交的人际关系中，学会利用这种"近因效应"，刻意制造一些惊喜和神秘，使彼此的关系得以"保鲜"，给对方留下最新的良好印象，就显得很有必要了。这有利于彼此关系的进一步加深和巩固。

在所有的"熟人"关系中，婚姻关系是最需要"保鲜"的一种。很多人以为，都已经结婚了，双方对彼此都熟悉得不能再熟悉了，没有什么"近因效应"可言了。其实不然，正因为伴侣之间非常熟悉，运用这种"近因效应"才越有必要。因为，我们的每一个细微的变化都被爱人看在眼里。我们若是出现积极的变化，立刻就会让对方感到惊喜。

赵玲玉和丈夫高鹤飞已经结婚五年了，对绝大多数夫妻来说，五年已经足够让对方了解自己了，该有的激情早就没有了，剩下的也只是生活中的各种压力和争吵。但这对赵玲玉夫妇来说，却不是什么大问题，他们的感情一直很好，仿佛年年都是新婚年。

　　朋友们都很羡慕，问他们是怎么做到这一步的。赵玲玉说，他们保持感情"新鲜度"的绝招就是时不时地给对方制造一点惊喜，让对方感到眼前一亮。比如，有一次，赵玲玉知道丈夫是动漫《海贼王》的粉丝，就在网上买了一套海贼女帝"波雅·汉库克"的套装，等到丈夫回家后，穿给他看。果然，丈夫在看到后高兴坏了，抱着她亲了又亲。

　　又比如，她的丈夫历来是个木讷沉闷的人。但有一段时间，他表现得异常活跃，一个人关在房间里练单口相声。一个月后，他专门给赵玲玉表演了一段，美其名曰"专属于妻子一人的精彩表演"。虽然说得一塌糊涂，但赵玲玉还是乐得合不拢嘴，逢人就说丈夫特会逗她开心。就这样，两人每隔一段时间就搞点儿"小创意"，让婚姻生活保持新鲜感。

　　生活中，绝大多数的婚姻，都是因为相处时间太久，进而产生了厌倦情绪，导致了感情上的疏离。以至于多年的夫妻感情，还比不上新结识的异性所带来的激情。这种现象，实质上就是近因效应引起的。这种现象启示我们，在婚姻中"保鲜"绝对是维持婚姻持久和稳定的重要课题之一。

　　那么，我们要怎样给婚姻保鲜呢？首先，经营一份幸福的感情，就像培育鲜花，需要不时地施肥、浇水、除草。体现在夫妻之间，就是要求我们彼此要拥有自己的空间，要尊重对方的隐私，重视彼此的沟通，给对方一定自由生活的权利，在一起时要尽量营造浪漫的情调和气氛。只有这样，才能拯救"审美疲劳"，使夫妻间永远恩爱，充满乐趣。

也许有人会说，生活已经如此艰辛，每天忙得要死，哪还有心情搞什么浪漫。这么想就不对了，正因为生活艰难，各自背负巨大的压力，我们才更需要相互体谅。而营造浪漫、创造新意，很多时候，其实需要的只是我们的一份真心实意，而不在于物质上要付出多少。比如给妻子做顿晚餐，或是带她去看一场之前不曾关注的类别的电影。这都是给对方制造惊喜，给我们自己打造全新形象的方式，妻子也能体会到其中的真心。

第十章

心理暗示，改变命运的神秘力量

1. 安慰剂效应——世上没有对暗示完全免疫的人

有句话是这么说的，"世上没有对暗示完全免疫的人，只是对暗示的敏感度有所差异。"这里所说的"暗示"其实就是"心理暗示"。心理暗示，是一种神奇的力量，它能让人在不知不觉中改变自己的立场，也能让人在无意中挖掘出自己的深层次潜力。

根据相关领域的专业解释，心理暗示的力量，其实就是一个人潜意识的能力。由于在特定的情景里、特定的时间里，人的潜在能量会出现爆发，不断地向自身输入有效的、积极的信号，人的言行举止就会受到一定程度的感染，进而收到一个好的结果。

在临床医学史上，记载了这样一个故事：

国外有一个叫莫里·法瑞德的私人医师，有一天，他正忙得焦头烂额，突然，一个病人闯了进来。这个病人长得又高又壮，是一名职业的拳击手陪练，名叫卡西·杜德利。他刚进来就不耐烦地拍着桌子，大吼道："该死的，快给我拿一瓶安眠药来，快。"

不巧的是，法瑞德找了一圈儿，发现安眠药已经卖光了。看着杜德利暴躁的样子，他不禁有些担心，该怎么办呢？忽然，法瑞德灵机一动，随手拿过一瓶没有标签的药递过去，说道："做个好梦，先生。"杜德利接过药就走了，其实，那是一瓶维生素。

本来，这是一种非常糟糕的行为，一连好几天，法瑞德都坐立难安。但令他没有想到的是，杜德利竟然靠这瓶维生素，一连好几天都睡了个好觉，未再失眠。

原来，由于杜德利只当这瓶维生素是安眠药，所以在吃药之后，会给自己一种强烈的心理暗示："我今天可是吃了药的，肯定能够睡得很舒服，不会再失眠了。"于是，在这种心理机制下，他的潜意识不断提醒他：放心睡吧！最终取得了意想不到的结果。

其实，从医学的角度来分析：人的大脑中会自动产生内啡肽和镇定素，这些化学物质对于止痛、催眠有着非常不错的效果。当一个人受到良好的心理提示后，脑垂体和脑下丘体就会受到极大刺激，加大上述物质的分泌，最后就能让人顺利进入梦乡。

另外，医生们还发现了一个有趣的现象：当病人对某种药信任时，就可增强该药物的治疗效果，提高医疗质量。因而，在临床治疗中，医务人员常常会利用安慰剂来激发病人对"痊愈"的渴望。事实证明，这样做是有效的，效果很不错。

根据这一现象，医学领域提出了一个心理学上的概念：安慰剂效应。即，病人虽然获得了无效的治疗，但却因为"预料"或"相信"治疗有效，反而使得病患症状得到舒缓的现象。所以它又被称作伪药效应、假药效应、代设剂效应。本质上它是一种条件反射的心理机制，会使人不自觉地按照一定的方式行动，或者下意识地接受一定的意见或信念。

生活中，我们无时无刻不在接受着各种各样的心理暗示。比如，在街上，看见各种精美的商品，我们会想当然地觉得里面的东西一定价值不菲；回家打开电视，看到那些形形色色的广告节目，不知不觉中，我们可能就产生了消费冲动；当有人告诉我们今天看上去气色很不错时，我们可能会保持高度亢奋的样子一整天。

暗示，是人心理活动的基本特征之一。一位名叫"库埃"的医生指出："人在一出生的时候就已被暗示包围了，当他产生某种愿望时，就会通过哭闹等一系列手段，为自己争取目标的达成。至于'哭泣'是不是能够帮助自己达成所愿，实际上是自我暗示和非自我暗示的共生物。大人抱起哭泣的婴儿，这可以被看做是非自我暗示，而后来这个孩子停止哭泣，则是受到了自我暗示的影响。"因此，他认为"暗示"将伴随一个人一生。

暗示也是人类认识世界的一种重要手段。在相同的环境中，女性比男性更易被暗示，儿童比成人更易被暗示；就同一个人来说，当处于疲倦、懈怠等状态时，也会比平时更容易受到暗示。

可见，心理暗示对人们的影响是巨大的，是从精神和生理上共同发挥作用的一种心理效应，能给我们带来神奇的力量。当我们受到积极暗示时，自制力就会变得相对松懈；而在受到消极的暗示后，往往又会变得小心谨慎，这就是"自制力加强"的表现。

具体来说，就像案例中的杜德利，他通过积极的心理暗示，让自己在吃维生素片的同时达成了"安心睡眠"的目的，可以说是对生活十分有益的。因此，在生活中，我们也可以掌握这种心理暗示的力量，以帮助我们自己生活得更好，提高做事的效率。

2. 标签效应——给自己积极的自我暗示

西方人自古就有这样一种观念：人们认为你是什么，你就是什么。听上去，这似乎有些唯心主义，不符合客观规律。实际上，这就是心理学中的"标签效应"。

所谓"标签效应"指的就是，当一个人被几种词语名称贴上标签时，他就会进行自我印象管理，在潜意识里使自己的行为与所贴的标签相一致。

第二次世界大战期间，美国心理学家贝科尔做了一个实验，他在部队新招募的一批行为不良、纪律散漫、不听指挥的新兵，让他们每个人，每个月都向家人写一封信，以说明自己在前线如何遵守纪律、听从指挥、奋勇杀敌、立功受奖等等。结果，半年之后，这些士兵发生了很大的变化，他们真的就像信上所说的那样去努力了。

根据这个现象，贝科尔得出一个结论：人们一旦被贴上某种标签，就很可能会成为标签所标定的那种人。

根据研究分析，心理学家认为，人之所以会出现"标签效应"，主要是因为"标签"具有定性导向作用。无论是好是坏，它对一个人的"个性意识的自我认同"都有强烈的影响作用。

给一个人"贴标签",往往会使其向"标签"所示方向发展。

心理学家克劳特也曾做过类似的实验：他找来一群富人，要求他们对慈善事业做出捐献。然后根据他们的捐献程度，分别说成是"慈善的人"和"不慈善的人"。相对应地，还有另一组参试者与他们一起进行实验，但没有被下这样的结论。过了一段时间后，当再次要求这两组人捐献时，他发现第一次捐了钱，并被评价为"慈善的人"的人，比那些没有被下过评价的人捐得多，同时，那些被评为"不慈善的人"，捐的是最少的。

一个人被别人下某种结论，就像商品被贴上了某种标签。他会无意识地使自己的行为更贴近标签。这种现象有点像"罗森塔尔效应"中那些被点名指出"未来将有大成就"的孩子们。他们由于受到了"专家"和老师们的青睐，被认定是天才的少年。于是，在他们心中就有一种暗示：大家对我的期望很高，我是天才，因此，我不能丢脸。

日常生活中常有这样的现象：当一个孩子老被说成笨孩子时，他肯定会对自己的能力产生怀疑，进而对自己失去信心；当一位员工被老板认为某些方面能力不行，他也肯定会对自己这方面的能力产生怀疑，进而对自己失去信心。即使他有这方面的能力，也不会再表现出来了。

"标签"就是一种心理暗示，不管是外界赋予的，还是自己赋予自己的。一旦标签成型了，实际上就相当于有一个声音，无时无刻不在告诉你：我是这样的，我一定要努力符合这个形象，不然就很丢脸，会很没面子，会让人失望，会被人看不起……然后，就在这种心理激励中不断使自己成长。这种激励是持续的，甚至能使人突破潜能。

有一个外国人，某次走在大街上，遇到一个吉普赛人，这人心血来潮，就让吉普赛人给他占卜。没想到，吉普赛人竟然说他是拿破仑转世，认定他会有大成就。

由于在西方世界，吉卜赛人就是"天师"一类的人物，使得这人深信不疑，一时间信心百倍，每天起来照镜子，都觉得自己确实有些像拿破仑。于是，他暗自发誓：既然我的前世那么厉害，那这辈子也不能差了，不然的话，好丢脸啊。怀着这样的想法，他开始有意识地效仿拿破仑，学习他如何思考，如何决断。多年后，这人果然大有成就。

由此可见，"标签"对一个人的影响是巨大的，而一些积极向上的"标签"，更能鞭策激励一个人向好的方向转变。因此，生活中我们不妨利用"标签效应"的积极意义，为我们自己贴上几个积极的标签。如此一来，借助"标签"带来的鞭策，使自己不断向前。当然，在贴"标签"时，必须设置对自己有积极意义的暗示语言，杜绝消极标签。

具体来说，我们在给自己贴"标签"或是给我们抱有期望的人贴"标签"时，应该尽量多些"我一定行"、"你一定能做得更好"之类的词汇，而少一些"我是个废物"、"你这辈子就是个失败者"之类的消极词汇。消极的"标签"，最容易让人失去斗志。

另外，当我们给自己设置好暗示的"标签"后，还要着手准备实施。比如，早上起床的时候，可以站在镜子前看着镜子中的自己，感受一下自己的状态。如果感觉自己不是很清醒，可以先暗示自己：我感觉很精神，很饱满，状态很好！而后，看着镜子中的自己一会，想象那种振奋的感觉由内而外散发出来。

同样，当我们觉得有些力不从心的时候，不妨花点时间走出办公室，暂时忘掉一切，呼吸一下新鲜空气。然后告诉自己：我没问题的！接着再开始手头的工作。只有将"标签"所示的内容与我们的实际行动联系在一起，才能使"标签"真正发挥作用。

3. 塞里格曼效应——被自己的暗示扼杀的人

心理学中有这样一个经典的案例：

有一个叫尼克·西堤曼的年轻人，身体健康，力大如牛，在一家车站货运组工作。有一天晚上下班的时候，尼克被要求留下来做最后的检查，在检查到最后一辆冷藏车时，车门的弹簧突然崩断，将他反锁在里面。尼克害怕极了，不停地敲打着车厢。

第二天早晨，当人们发现他的时候，发现身穿短袖的尼克已经死去多时了。在车厢的内壁上，人们发现了他的"遗书"，其中有句话反复出现：我就要被冻死了。

然而，事实是，那辆冷藏车的制冷系统出了故障，根本无法制冷，而根据冷藏车的电脑记录证明：昨晚车厢内的平均气温是 18 摄氏度，根本不会致人于死地，怎会冻死呢？但随着法医的鉴定，更惊人的事出现了：尼克的尸体真的有很多冻死者的特征。

这是怎么回事？

人们开始了详细的调查。最终，心理学家给出了答案：尼克是被自己的想法杀害的。他以为这辆冷藏车是好的，会制冷，于是他就给自己下了一种心理暗示：完了，这辆车是专业制冷的，温度能达到零下几十度，我现在又出不去，我一定会被冻死的。

在心理学中，对这种类似于自我催眠的"暗示"作了定义：人们依靠自己的思想、语言向自己发出刺激，影响自己的认知、情绪和意志或要求按照某种方式行动。

这种刺激和暗示，可以是积极的，也可以是消极的。从积极的方面来看，它的作用就相当于之前我们说过的"安慰剂效应"。但从案例中来看，尼克·西堤曼对自己的暗示显然是负面消极的，进而导致了悲剧发生。在心理学上，这叫"塞里格曼效应"。

1967 年，美国心理学家马丁·塞利格曼，以狗为对象做了下列一组实验：

首先，他把一条狗放进一个铁笼子里，并锁住笼门，使狗无法轻易从笼子里逃出来。然后，他在笼子里装了电击装置，通过这一装置，不停地给狗施加电击，但是电击的强度又刚好能够引起狗的痛苦，并始终保持这种强度，以避免导致狗的毙命或受伤。

经过长期的观察，塞里格曼发现，这只狗在一开始被电击时，拼命地挣扎，想逃出这个笼子。但经过再三的努力，发现无法逃脱后，其挣扎的强度就逐渐降低了。

然后，他又把这只受过电击的狗放进另一个笼子。这个笼子很奇怪，一端有电击，一端没有电击，中间只有一块小木板隔开，狗可以轻易跳过去。然而，当他把狗放到有电击的那一端时，狗只是趴在地上，默默承受电击的痛苦，却不会去尝试跳过挡板。

最后，他把一只没有受过电击的狗放入第二个笼子，结果刚一开始电击，狗就跳过了挡板，成功逃离被电击的遭遇。

这就是"塞里格曼效应"，当一个人对外界的挫折总是感到力不从心时，他就会丧失信心，陷入一种无助的心理状态。现实生活中，那些长期经历失败的人，久病缠身的患者，身处绝境的人，很容易出现"塞里格曼效应"特征：觉得自己无论如何努力，无论干什么，都以失败而告终，最后下场凄惨。于是，他的精神支柱就会开始瓦解。

没有了精神支柱的人，通常他的斗志也会随之丧失，最终放弃所有努力，进而向尼克·西堤曼那样，不断给自己暗示：我完了，彻底废了，我会……

其实，无论是案例中的尼克·西堤曼，还是实验中的那条狗，他们都是被之前的挫折所吓倒，以至于丧失信心，无法看清客观事实罢了。比如尼克，他在被冻死前，也曾努力敲打车厢，希望有人来救他。然而，当他无论怎么努力也出不去的时候，他就开始绝望，主观地以为自己会被冻死，却没有认真观察周围，温度根本没有降低。结果，他就在这种绝望、恐惧和焦虑中，不断暗示自己"会被冻死"，最后就真的被"冻死"了。

我国古代也有类似的记载，说一位妇人曾误食虫子，因而常常疑虑，认为自己肚子里有祸害，以后会生出大乱子。没想到，她越想越害怕，最后真的患病，经过多次医治也没什么起色。最后，有个医生知道她患病的原因后，就给她开一副泻药，并告诉她吃完这药，上一趟厕所，虫子就会被排出来。结果，没过多久，妇人的病就彻底痊愈了。

几年前，一则新闻报道：某矿井塌陷，很多员工遇难，但有一位黑瘦的矿工却顽强地活了下来。面对记者采访，他说："我想我不能死，家里还有老有小，我走了他们怎么办？我就这样想，我一定会活下去，一定能活下去……"。最后，他真的挺过来了。

人生在世，难免会有遇到挫折的时候。一个聪明的人，不会被眼前一时的失败所吓倒，从而觉得自己不行。他们会反复告诉自己："我能行"、"没关系，再来一次"。因为只有这样，我们才能尽快从失败和负面状态中走出来。否则将深陷于失败和挫折中无法自拔，觉得自己从此就废了，更不可能东山再起，这样的人只会自己把自己给吓住。

4. 瓦伦达心态——过分重视，会给自己带来反向"暗示"

积极的心理暗示，能让我们生出无限的动力，鞭策、激励自己奋勇前进。但是，老话说得好，是药三分毒，物极必反。心理暗示也是一样，如果拿捏不好其中的分寸，使得这种暗示过了度，就会适得其反，给我们造成强大的心理压力，带来反向"暗示"。

美国有一名著名的钢索表演者，名叫瓦伦达。据说，在他上千次的高空走钢索表演中，从没失误过一次，被人认为是不可思议的奇迹。然而，就在他最后的一次表演上，他却失败了，从距离地面几十米高的钢索上掉了下来，丢掉了性命和他的记录。

事后，记者采访他的妻子，想知道他为什么会在这么重要的一次表演上失败。妻子哭着说道："我就知道，他这一次有可能出事。因为他上场之前总是不停地说，'这次对我来说真的太重要了，是我的谢幕表演，绝对不允许失败，只能成功，一定要成功'。但他以前每次成功的表演，他只想着走钢索这件事的本身，而不是去想成不成功这种事。"

事后，有心理学家研究分析之后，得出结论：瓦伦达之所以失败，在于他太重视这一次表演的成败了，心理总是告诉自己一定要成功。然而，在这种强烈的"暗示"下，另一种相反的"暗示"，比如"如果不成功，我就完了。"也开始明显起来。并且，他越是告诉自己"要成功"，"不成功会很惨"的声音就越大，直至让他心生恐惧，觉得自己会失败。

这就是心理学上一个著名的心理效应，"瓦伦达效应"，指的是一个人如果过于在乎成败得失，有了患得患失的心态，导致忽略了事情的本身，就很容易招致失败了。

美国斯坦福大学的一项研究，也从另一个方面证实了瓦伦达心态：人大脑里的某一图像会像实际情况那样刺激人的神经系统。比如，当一名弓箭手在射出箭之前，一再告诉自己"不要射偏"时，他的大脑里往往会出现"箭射偏了"的场景，然后，这幅潜意识出现的画面就会不自觉引导他的动作，最后的结果就是，箭真的被射偏了，想象成为现实。

从心理学的角度分析，之所以会出现这种现象，在于心理暗示的两面性。正如物理学定律之一，力的作用是相互的。同样，任何一种心理暗示，其实都具有两面性。

比如，当别人暗示我们是一个天才的时候，固然我们心中会激动，会让自己不断向"天才"靠拢，像真正的天才那样要求自己。但与此同时，我们心中也会有这样的想法：万一他们看错了，我其实不是天才，或者我以后达不到天才应该达到的水平，比不上那些不是"天才"的人，该怎么办？不行，我一定要成为真正的天才，不辜负他们的厚望。

于是，就在这种担惊受怕中，不断想象自己"达不到标准"的可怕后果。这样一来，这种担惊受怕就成了一种反向的、负面的暗示。甚至在绝大多数时候，比积极的暗示对我们的影响更强烈，更直接。最后出现的结果就是，"好的不灵，坏的反而灵验了。"

因此，当我们在接受外界的各种暗示，或是自我暗示的时候，我们尤其要注意，一定要尽量避免这种"反向性暗示"的出现，避免因为过于患得患失而导致的失败。那么，具体来说，我们应该怎么做呢？

首先，要收拢我们的心思，做事专心致志。就像瓦伦达之前那些成功的表演一样，只关注事情本身，而不去想成败得失。只有这样，我们才能尽量使自己从"失败了怎么办"、"好紧张啊，如果不行我就完了"，这类负面状态中摆脱出来。

其次，平时要努力提升我们的技能。所谓"平时不烧香，急来抱佛脚"。很多人之所以临近做事的时候，会生出各种反向暗示心理，担心自己会失败，害怕失败后会怎样，其实主要是因为他对完成事情所需的技能掌握熟练度不够。比如一名画家，如果他在平时不注重提升自己的画技，等到让他当众作画时，他就会担心自己画不好，画出乱子来。

但是，如果他平时就时刻练习自己的技艺，一身画技达到了得炉火纯青的地步，那么对当众作画这种事，就显得从容多了，不会在心里反复"推敲"自己的失败。

最后，越是关键时刻，越要保持平常心。很多人沉不住气，临近大场合，就显得心绪不宁，这样是不行的。心中的杂念越多，给我们带来的"暗示"也就越多。这些"暗示"会分散我们的精力，让我们无瑕专注于要做的事。同时，强烈的情绪还会让我们感到不安，进而生出种种的臆想，这些都会给我们完成任务带来困扰。

古人云：不以物喜，不以己悲。实际上，这并不是让我们与世无争，消极避事。而是告诉我们，做事情要保持一颗处变不惊的心。就像武林高手对决一样，走上擂台的那一刻，眼里就只有对手，只有一个信念，那就是：与对手酣畅淋漓地打一场。而不是去想赢了会怎么样，输了会怎么样。想得越多，心理暗示就越混乱，精力就越被分散。

5. 责任分散效应——为什么三个和尚没水喝

心理学上有一种"责任分散效应"，也叫"旁观者效应"，是指对某一件事来说，如果单个个体被要求独立完成，个体的责任感就会很强，会做出积极响应。但如果是要求一个群体来共同完成任务，群体中个体的责任感就会很弱，面对困难时往往会退缩。

1964 年 3 月 13 日夜 3 时 20 分，在美国纽约郊外某一座公寓前，一位叫"基蒂珍诺维丝"的年轻女子，在结束酒吧间的工作后回家的路上遇刺。当时，她绝望地喊道："有人要杀人啦！救命！救命！"。听到喊叫声，附近住户亮起了灯，打开了窗户，凶手吓跑了。但令人没想到的是，当大家关上灯，周围重新恢复平静后，凶手竟又返回作案。

于是，这名女子又开始喊叫，附近的住户又打开了灯，凶手又逃跑了。就这样，女子认为已经安全了。谁曾想，当她上楼时，凶手再一次出现在她面前，将她杀死在楼梯上。在这个过程中，尽管她大声呼救；她的邻居中至少有十数人跑到窗前观看，但无一人来救她，甚至无一人打电话报警。这件事引起了当年纽约社会的轰动，也引起了社会心理学工作者的重视和思考。人们把这种众多的旁观者见死不救的现象，称为责任分散效应。

对于这种"责任分散效应"形成的原因，心理学家进行了大量的实验和调查，最后他们发现：这种现象不能仅仅归咎于众人的冷酷无情，或道德日益沦丧，而是一种人类普遍共有的、本能的心理活动。因为在不同的场合，人们的援助行为确实是不同的。

比如，当一个人遇到紧急情境时，如果只有他一个人能提供帮助，他就会清醒地意识到自己的责任，进而对受难者给予帮助。如果他见死不救，就会产生罪恶感、内疚感，这需要付出很高的心理代价。但是，如果当时还有许多人在场的话，帮助求助者的责任就会由大家来分担，造成责任分散，每个人分担的责任很少，救助的意愿也就减轻了。

甚至于，一些旁观者很可能连他自己的那一份责任也意识不到，从而产生一种"我不去救，自然会有别人去救的"心理，进而造成"集体冷漠"之局。

通常情况下，出现"责任分散效应"时，行为主体受到六种心理因素影响：利他主义动机、社会惰化、从众心理、道德因素、法不责众心理和人际关系相互作用。

在我国一些传统故事中，也有揭示这种心理的案例。比如我们常常听到的"一个和尚挑水吃，两个和尚抬水吃，三个和尚没水吃"，本质上就是说的责任分散效应。

因为在场的人多了，分摊责任的主体多了，于是我们就会不自觉地生出"逃避责任的心理"，想着"反正有这么多人，我不做也会有其他人来做"。这种心理在我们日常生活中随处可见，于团队而言，这会降低团队的工作效率；于我们个人而言，也会阻碍我们进一步发展和提升。毕竟，责任分散的后果是大家都没水吃。

有一次，公司新招了一名新人。经理说，打扫办公室卫生的事，就交给新人做了。于是这名新人任劳任怨，一丝不苟，将办公室的卫生搞得井井有条。

但之后不久，办公室又新来了一位新同事，这名新人就和新来的同事商量，两人制定了轮流打扫卫生的方案。两个人也配合得相当好，办公室被打扫得干干净净。

再后来，又来了一名新人。然而，就在他来的第二天早上，同事们发现，办公室一片狼藉，大家面面相觑。原来，之前的两名新人都认为，卫生该由最新的这名同事负责了。而那位新人却认为，卫生已经有人负责了，自己只需做自己本职的工作就行了。

因为卫生工作没搞好，三人都被经理狠狠批了一顿，险些因此被辞退。

生活中，我们很多人都有这样的心态，认为身在一个"人多"的大团队，就可以不必那么认真，自己少干点儿，经常搭个便车、偷个小懒。其实不然，在这种"责任分散"的心理效应下，虽然得到了一时轻松，却疏忽了对个人能力的锻炼，更减弱了个人的责任感，试想，有哪个领导会重用"偷懒"的人呢？

退一万步讲，就算领导、同事不怪罪我们。但是，如果团队中每一个人都这样，那么这个团队的前景可想而知。如果团队整体不行，甚至崩溃、瓦解了，那作为团队的一员，我们又能有什么好的结果呢？所以最后我们就会像那三个和尚一样，大家谁都没水喝。

因此，无论是为了团队，还是为了我们自己。在我们日常的生活和工作中，都应该清醒地意识到：一个智慧的人，永远是主动承担责任并为之付出努力。逃避责任只会让我们养成习惯性的逃避心理，同时也会带坏我们身边的风气，最终吃亏的还是自己。既然有"三个和尚"，我们就要学会精诚合作，互利共赢，而不是相互推诿，一损俱损。

6. 望梅止渴——为自己绘制未来的美好蓝图

在《世说新语·假谲》中记载了这样一件事：

有一次，曹操率军前去讨伐张绣，当时正是七、八月的季节，炎阳似火，万里无云。在经过一片荒野时，前不着村后不着店，士兵们口渴难忍，行军速度一下子慢下来了，甚至有几个士兵竟然体力不支，晕倒在路旁。曹操见状，心急如焚，他想：再这样下去，别说迎击敌军，就是走出这片荒野都成问题。到时候军心一乱，还可能发生兵变。

怎么办？

曹操叫来向导，问他附近可有水源。向导说，水源在山谷另一边，还有不短的路程。曹操思索一阵之后，想了个计策。只见他来到众将士面前，大声道："诸位将士，前边有一大片梅林，那里的梅子红红的，我们加快脚步，翻过这个山丘，吃梅子去。"

众将士一听，士气大振，很快就走出了荒野区。

这就是"望梅止渴"的典故。

从生物学上来讲，"望梅止渴"符合一定的科学性。梅子酸甜，咀嚼时常伴有大量唾液分泌，这是由人的唾液腺决定的。而梅子的味道尤其刺激，大多吃过梅子的，就很难忘记这种味道，等到下次别人提起梅子时，他的大脑就会回忆起梅子的味道，然后促使唾液腺分泌唾液。因此，曹操用梅子激励众将士，会让众人分泌唾液，进而缓解口渴。

但是，深入分析该计策成功的原因，更多的因素还是在于其中运用到的心理学，即"积极暗示效应"。其实，当时曹操在传令，说"前面有梅林"这句话时，将士们并未看到前方真的有梅林，只是出于对曹操这位统帅的信任，以及长久以来的权威效应，使得他们在听到曹操之言的第一时间里，就把"前方有梅林"当做一种真理，一种信念了。

于是所有人都坚信，不远的前方就有梅林，大家只要再支撑一下就能"苦尽甘来"，吃到红红的梅子。然后，在这种激励下，众将士爆发出了极大的热情和动力。

这就是典型的"心理暗示效应"，并且是充满积极意义的心理暗示。类似的典故还有"画饼充饥"等等。从这里我们就可以看出，"积极的心理暗示"，往往能让人干劲儿十足，甚至爆发出自己的潜力，做到一些看上去不可能的事情。

在美国，有这样一段故事：

一位小姑娘到纽约找工作，最后进了一家裁缝店当杂工。

上班后，她经常看到女士们乘着豪华轿车，到店里试穿漂亮衣服，看上去高贵雍容。小姑娘想：这才是真正的女人。于是她心中升起一股强烈的欲望：

我也要当老板，成为她们当中的一员。

就这样，每天开始工作之前，她都会对着那面试衣镜，很开心、温柔和自信地笑。虽然只穿粗布衣裳，但她想象自己是那些高贵的夫人，努力使自己显得彬彬有礼。虽然只是一名打杂女工，但她却把裁缝店当自己的店来打理，因此深得老板信赖。

不久，客户们都发现了她的好，对老板称赞道："这位小姑娘，是你店中最有头脑，最有气质的女孩。"老板也说："她的确很出色。"又过了一段时间，老板把裁缝店交给小姑娘管理了，小姑娘有了一个响亮的名字——"安妮特"。

没错，她就是后来著名的"服装设计师安妮特夫人"。

有人评价安妮特的成功，认为虽然是有很多因素造就了她的成就。但首要的、最重要的一点，还是在于一无所有的她，敢于"想象成功",敢想,就意味着敢拼。

有这样一个实验:几位心理学家把水平相似的一群篮球运动员分为三个组。告诉第一组在一个月内停止练习自由投篮;第二组则在这一个月中,每天下午在体育馆练习一小时;第三组在这一个月中,每天都靠自己的想象练习一个小时的投篮。

奇妙的事情出现了,第一组的投篮水平,平均由39%降到37%;第二组的平均水平由39%上升到41%;第三组在想象中练习的队员,平均水平却由39%提高到42.5%。不可思议的是,在想象中练习投篮,效果竟然比在体育馆中练习投篮更好。

心理学家经过分析研究,最后得出结论:当队员在想象投篮时,他们投出的球都是成功的,这会给他们带来成功的体验。这种想象中的成功,会在无形中增强他们的信心。可以说,想象成功,就创造了成功。

这就是"想象性经验"的作用。在社会认知理论中认为,人类具有符号认知能力,使人有可能在头脑中将未来可能出现的情境和事件,自己相应的行为和情感反应,以及行为的可能后果想象出来,加以视觉化,并提前体验。通过这种对未来情境中实现特定行为能力的想象,以及对成功的想象,一个人也就建立起了相应的自我效能感。这种想象来源于过去参与过的,与目前相近情境下的直接或替代经验,也可能来自于他人的引导。

举个最简单的例子:当一个男生在不久之后,将跟随女友一起见家长的时候,他会感到紧张,然后就会向女友询问有关"未来岳父、岳母"的信息。之后会在自己的脑海中预想与他们见面时的情景,自己应该怎么应对……最后等到真见面时,他就心中有数了，知道自己大概应该怎么去做。其实，这就是一种典型的"想象性经验"。

由此可见，像安妮特那样，因为敢于想象、积极想象，最终获得成功的事，并非是无厘头的笑话，而是有科学依据与事实逻辑的。学会在头脑中描绘积极的画面，这样积极的想象性经验就会让我们的自我效能感逐步增强，然后鞭策和指引我们走向成功。

7. 破窗效应——不要对缺点置之不理

中国有句古话说的是"千里之堤毁于蚁穴"，意思是，一条千里长堤，很可能因为一处不起眼的漏洞，导致最终的崩溃，延伸为"小错不改，终会积成大错误"。

在心理学上，也有一种理论揭示了类似的现象，那就是"破窗效应"。该效应认为，环境中的不良现象，如果被放任存在，就会诱使人们去仿效，甚至变本加厉。比如一面墙，如果出现一些涂鸦没有被清洗掉，很快墙上就会布满乱七八糟的东西；一条人行道，如果有些许纸屑没清理，不久后，人们就会理所当然地将垃圾顺手丢弃在地上。

1969 年，美国斯坦福大学的心理专家，菲利普·津巴多，做了一项有趣的实验：他找来两辆一模一样的汽车，将其放在两个不同的区域。一辆放在相对较富的区域，一辆放在较为贫穷的区域。然后，他将放在贫困区的那辆车，摘掉车牌，打开棚盖。结果，就在当天晚上，那辆放在贫困区的车就被偷了。

而放在较富区域的车，一连五天没事。

第六天，菲利普又前往该区域，将这辆车的玻璃窗敲碎，结果，没过去几个小时，这辆车也被人偷走了。

以这项实验为基础，政治学家威尔逊和犯罪学家凯琳提出了一个"破窗效应"理论。认为：如果有人打坏了一幢建筑物的窗户玻璃，而这扇窗户又得不到及时的维修，别人就可能受到某些示范性的纵容，进而打烂更多的窗户。久而久之，这些破窗户就给人造成一种无序的感觉，结果在这种公众麻木不仁的氛围中，犯罪就会滋生、猖獗。

其实，"破窗理论"体现的是细节对人的暗示效果及其作用。在这种效应中，"第一扇破窗"常常是事情恶化的起点。它会给人们带来一种自我暗示：窗户是可以被打破的，而且不会有惩罚，既然别人都可以打破窗户，那我应该也可以才对。于是，抱着这样的想法，不知不觉中，我们就成了第二双手、第三双手……最终将事情扩大到无法控制。

很多时候，人们把"破窗效应"归于集体中存在的现象，认为只适用于公司治理、团队管理，乃至一个城市的治理中。殊不知，于我们个人而言，"破窗效应"也是适用的，尤其是在对待我们自身的缺点时。了解破窗效应，并极力避免，能够有效帮助我们发现自身的缺点，并把这种缺点及时遏制住，甚至变缺点为优点，进而完善自身。

有一天，大师向他的三个徒弟提出了一个问题："如果有人当面指出你的新衣服上有一个小窟窿，你会怎么办？"

三个徒弟只是稍加思索，就各自给出了自己的答案。

第一个徒弟回答说："置之不理啊。"

第二个徒弟回答说："把它盖起来。"

只有第三个徒弟，不慌不忙地从屋里取出一枚针，回答："将它补好！"

听了第三个徒弟的回答，大师微微颔首，目光中流露出赞许的神情，说："就该这样才对，有洞就补。若是置之不理的话，很快就会有第二个洞，第三个洞……"

其实，任何人都有缺点，只不过大多数人通常会选择刻意掩饰。殊不知，欲盖弥彰，往往会得到反效果。一个人有缺点和不足并不可怕，怕的是不承认，没有正视缺点的勇气；怕的就是不能坚持改正，半途而废；怕的就是讳疾忌医，却又明知故犯。

生活中，我们有很多人都会陷入这种"破窗效应"的陷阱，不能正视自身的小毛病，以为这只是小事一桩，没什么。结果，就在这种"无视"中越来越放纵自己。

比如，按照既有的工作计划，规定了这一天应该完成哪些工作量。上午做哪些，下午做哪些。等到付诸实践的时候，发现上午的没能完成，就想着"算了，就这样吧"。一次两次这样，到最后就会生出这样的想法：反正都没能完成，其他的也随便好了。

还有的人，一开始还品质高尚、勤奋好学。可偶然间养成一个坏习惯，喜欢在做事情的时候分心，也不去重视，反而任其发展。等到最后，因为做事不能集中精力，很多事情都做不成。于是心想：完了，我已经是个废人了，干脆再堕落一点，去犯罪吧。

很多时候，一个人之所以会越来越失败，就是因为他在自身出问题的一开始，没有引起足够的重视，任由自己的小缺点发展、进化，最终使得小缺点变成大缺点，彻底"败坏"了自己。因为，他心里会暗示自己：反正我已经这么坏了，再坏点也没关系。

这就是"破窗效应"对于个人的影响。在我们日常生活中，个人深陷"破窗效应"陷阱的现象是非常普遍的。其具体表现就在于：对自身的小毛病、小缺点和不足的轻视、忽视乃至无视。

从这一点来说，我们每个人都应该提高警惕，重视自身的缺点和不足，哪怕这些缺点和不足微不足道，我们也要防患于未然，趁其还未"壮大"之前拔掉它。

有缺点意味着我们可以进一步完美，有不足之处意味着我们可以进一步努力。只要正视并坚决改正缺点，我们总可以找到自己的位置，那缺点就成了我们前进的动力，缺点就为我们提供了广阔的进步空间，甚至会成我们新的亮点。

8. 酸葡萄效应——不如意时，学会自我安慰

在《伊索寓言》中，有一则《狐狸与葡萄》的故事：

有一天，狐狸来到一座葡萄园里，看到葡萄架上的葡萄已经熟透了，又大又圆，还紫红紫红的，特别诱人。狐狸就馋嘴了，跳起来想要摘葡萄。可惜，葡萄架很高，它跳的高度不够，它就那样一下接一下地跳，始终够不着。它明白了，自己根本摘不到葡萄。

可自己又实在想吃得紧，心里很毛躁、怎么办呢？狐狸急得团团转。最后，它只得告诉自己："反正葡萄是酸的，不吃也罢"。就这样想了会儿，然后就离开了。

这个寓言故事我们从小就学过，在以前的解读中，这个故事是用来讽刺那些为自己的失败找借口的人的，以批判他们这种自欺欺人的态度，告诫我们要敢于认清事实。

但在心理学中，狐狸的这种"酸葡萄"心态，实际上是一种有效的自我安慰效应。俗话说，"百年人生，逆境十之八九"。这世上有很多事，很多东西，不是我们单靠努力就能实现和得到的。当我们付出了一切的努力，仍旧得不到想要的东西时，这种"酸葡萄心态"正是治愈我们心理创伤、帮助我们走出失败影响，进而让我们保持心态平衡的良药。

就像寓言中的狐狸，它之所以吃不到葡萄，这是由于它先天的身高所限制，与它努不努力关系不大。如果它继续跳下去，很可能会将自己累死也吃不到葡萄，也可能会因为动静太大，招来葡萄园的主人，将它抓住乃至杀害。可以预见，它若不放弃，等待它的将是危险系数很大的下场。所以它采用了"自欺欺人"的方式，让自己可以"悬崖勒马"。

有句话是怎么说的，"在错误的道路上坚持得越久，我们就错得越厉害"。生活中，我们很多人就是这样。身为一只"狐狸"，却想要追求高高在上的"葡萄"，然而，客观的差距决定了无论我们怎么努力，都不可能"摘到葡萄"。如果不懂得运用"酸葡萄心态"安慰和疏导自己，那么我们很可能就会深陷在这种"求之不得"的痛苦中。既让自己痛苦，又很容易导致我们心态失衡。要么自暴自弃，彻底丧失信心；要么失去理智，冲动行事。

从这一点来看，"吃不到葡萄说葡萄酸"未尝没有其积极意义。只可惜，很多人只看到其消极的一面，却未能看到其积极的一面。与之类似的还有鲁迅先生笔下的阿Q，诚然，阿Q的"精神胜利法"实际上是一种"以显示自己的丑陋为本钱，来显摆自己"的劣根性。但如果我们能换一个角度去分析，所谓的"阿Q精神"未尝不能是一种"退一步海阔天空"的豁达。要知道，现实生活不是童话，不是每一种付出都会取得理想的结果。

因此，当我们认为自己对所面临的压力，已经让我们无能为力的时候，不妨采用这种应付方式，以免自己心态失衡，走向极端。任何事物都有正反两面，只要能起到暂缓心理压力作用，使心理得以平衡，就有其实际意义，这就是酸葡萄效应的积极意义。

人生不如意十之八九。升学就业、职场商场、婚姻家庭、邻里社区、子女教育，无论工作、生活还是人际关系，都是我们现代人必须面对的压力。有的人辛苦一年，赚取的钱也不过刚好足够温饱；而有的人却可以含着金钥匙出生，饭来张口、衣来伸手。

中国有十三亿人，但只出了一个马云；世界有70亿人，但只有数百位亿万富翁。可见不是每个人都能不为金钱发愁的，也不是每个人都能取得这样的成就。我们必须承认，有很多事情，无论我们再怎么努力，实现的希望也是渺茫的。面对这种令人沮丧的局面，我们应该怎么办？强行把自己跟别人比吗，一味埋怨自己不够努力，运气不好吗？

如果是这样，那未免活得太痛苦了。看到别人开劳斯莱斯，就暗恨自己为什么不行；看到别人环游世界，就恼怒自己为什么不行；看到别人年入千万，就死命地压榨自己，一天 24 小时不停地干活……像这样的人，最后取得成功的少，得病的反而更多。

　　这个时候，我们就需要一点"酸葡萄心理"、"阿 Q 精神"。比如，见别人吃麦当劳，就说那是垃圾食品，不如我的馒头咸菜养人；看到别人考上名牌大学，就说考上大学不好，学业年限长而且花费高，将来就业还是个未知数；看到别人有个好爸爸，就想还是不如我的爸爸好……这种心思虽然有些可笑，有些"愚昧"，却能让我们自己心里好受些，不至于陷入自怨自艾的深渊。

　　当然，在利用"酸葡萄效应"安慰自己后，我们不能就此停滞不前，而是应该在事后采取积极的措施，解决问题。诗仙李白说过，"天生我材必有用"，每个人存在于世，都有他独特的价值。如果我们在某一方面倾尽全力也无法取得理想的成绩，那就不妨勇敢地进入其他领域。没必要死钻牛角尖，空耗精力，更不要自暴自弃，对自己失去信心。

9. 接受最坏的结果，往最好处努力

　　在心理学研究中，有一种"内省法"。就是要求一个人把自己的心理活动展现出来，然后从这些心理波动中仔细分析，

最后得出某种心理上的结论。这样做有一个好处，就是可以使人的紧张心情得到解放，从而使人感到放松，以更轻松的姿态迎接困难。

比如林语堂先生，就曾在《生活的艺术》中说过这样一句话："能接受最坏的情况，在心理上，就能让你发挥出你新的能力"。的确，如果你连最坏的情况都考虑到了，那还有什么可怕呢？对正处于不幸和逆境中的人来说，这种思考模式无疑是有效的。

有一次，一位强迫症患者找到心理咨询师诉苦。说，因为最近自家的水龙头出了点问题，可能有些关不紧，她每天不得不花大量的时间去检查是否已关好。有时候明知道已经关好了，仍然会感到不放心，又走回去检查。为此，她已经上班迟到很多次了。

心理咨询师就问她："你在害怕什么呢？能把你害怕的事情都列出来吗？"

患者就掰着指头说："我怕水流出来以后，会把家里的地板浸坏，会把楼下住户的装潢搞坏，会损失很多的水费。"心理咨询师就说："即使把这些东西搞坏，又有什么关系呢，大不了修或赔，也就是经济损失。你有这么多时间忧虑和迟到，还不如赔钱呢。"

患者一听，心想：对啊，大不了赔钱就是了。于是，她慢慢摆脱了这种糟糕的状态。事实证明，她的忧虑是多余的，水龙头并未因此漏水，楼下的住户也没有找她赔钱。

从心理学上说，一个人如果对一件未知的事情进行推测时，总会根据自己的想象，得出一些令人害怕的结果来。就像有位哲人说的：人其实并不怕死，只是害怕不知怎么死。也就是说，如果你在等待一件害怕的事到来，那将越想越怕。但等到真正面对了，反而不怎么害怕了。所以人们才说，最大的恐惧源于未知，因为你不知道它会坏成什么样。

但是，相反地，当这件未知的东西变成已知了，即使它再怎么可怕，我们也会想办法去克服它，甚至征服它。因为我们已经看见它，了解它，心里有一定的准备了。

将这种心理效应放到我们生活中去，那就是：每个人都会有不顺的时候，当我们担心自己失败或即将失败的时候，不妨试着对自己说："这就是最糟糕的了，不会再有比这更倒霉的事情发生了"。既然"最糟糕的事情"都已经发生了，还有什么可怕的呢？

接受最坏的结果，往最好处努力，这才是聪明人的做法。也就是我们常说的"防患于未然"、"做什么事都心中有数"。很多时候，人们之所以会恐惧，会因为一点小小的挫折就急得团团转，不知所措。其实原因就在于，他拒绝接受最坏的情况，不敢去面对。

生活中，我们很多人之所以显得忧心忡忡，整天为这担忧，为那担忧，实际上就是缺乏这种"面对最坏结果"的勇气。殊不知，我们的很多忧虑，其实并不值得我们花费这么多的心力。因此，学会运用内省法，冷静地观察我们自己的内心深处，然后将观察的结果如实地列出来，再从中找出最坏的那一条结果，勇敢去面对、接受它。

这样一来，我们就能省下许多心思，以较为轻松的心态和精神饱满的姿态，去迎接接下来的挑战。同时，在这种心态的武装下，我们也更有勇气面对任何困境。那么，具体来说，要想把这种"内省法"转换为实际的生产动力，我们应该怎么做呢？

首先，在做事之前，要有敢于把最坏结果，以及可预见的各种不利因素罗列出来，然后做好勇敢面对的心理准备。比如考试之前，先想想考砸了自己要怎么办。

秦武军大学毕业后自己创业，经过两三年的摸索，成功拥有了自己的第一家店。同学们向他请教经验。他说："我的秘诀就是不能怕，做事之前先做最坏的打算。比如我刚从学校毕业的时候，就已经想好了，我要创业，我还想到了自己创业失败的情景，父母对我失望，女友有可能离我而去，甚至我可能到街上去要饭。一想到这些，我心里就有数了，我知道自己应该怎么做。那就是努力再努力，争取不去要饭，这就是胜利。"

秦武军这种类似于"调侃"的话，其实正是点出了一点：先做最坏的打算，然后再拼尽全力去避免这一结果。这种思考问题的模式有一个好处，那就是能让我们排空其他诸如患得患失、迷茫不安等杂乱思绪，将全部的心力只集中于一点：努力避免最坏的结果。没有杂七杂八的想法干扰，又对失败做好了心理准备，我们就能最大程度的去拼搏。

其次，根据可能出现的最坏结果，逆向推敲我们的计划有哪些漏洞和不足，以此来完善我们的计划，减少失败的风险。

比如，当我们向一个女孩表白时，先想想对方可能会对我们说的话，"对不起，我只当你是哥哥"、"你是个好人"、"我们还小，不适合"……预想了这些拒绝的话之后，我们就能逆推对方说这些话的心理活动，然后有的放矢。

最后，通过对最坏结果的预想，让我们做好足够的心理准备，以此培养出我们"泰山崩于前而不变色"的勇气和魄力，帮助我们应对一切不可预知的意外风险。